企業用人的智慧藝術

用人高手22招

作明◎編著

好讀出版

前言

一個企業如何用好人，絕非小事，它直接影響著企業人力資源的開發和效益的增減。人是企業的靈魂，是活的資本。離開人，企業只能唱「空城計」。作爲企業領導者，該如何算用好人呢？用人是智慧之術。領導者的智慧與才幹，主要就體現在他用人的能力上。領導者不僅要會用人才，會用天才，更要用好普通人，甚至是有缺點、愛搗蛋的下屬。一個善於用人的領導者，能讓每一個下屬發揮出他的潛能，從而組成一個強有力的團隊；若無法人盡其才，也不能團結在一起，企業便如一盤散沙！一個企業要達到優化管理，必須經由企業領導者對員工及下屬特長的合理發揮，從而有效地抑制其缺點企業帶給的損害。如此，才能充分挖掘出企業的生命力，給企業創造出利潤和價値。否則，企業就會失去「有用之才」，而使企業發展陷入人力資源短缺的絕境！

用人是一門藝術，根據下屬不同的特點、性格、才能、思想，制定相應的對策，不要讓下屬空耗精力，而是讓他們在各自的職位上大顯身手，這是用人的眞諦。作爲企業領導，多檢查自己在哪些方面存在著用人的缺陷，是否諳熟用人之道，是否能因人而用，這些問題在很大程度上決定著企業的興衰成敗。說到底，企業領導者只有念好用人這門

「經」，才能蓋好企業這座「廟」。

本書名為《用人高手22招》，顧名思義，是根據現代企業用人的種種特點，深入地剖析企業用人失敗的教訓，並融合了成功企業的用人之道，總結、提煉出22種行之有效的、帶有規律性的方式方法，供領導者參照應用。本書是領導者常備的一本實用「教科書」。另外，由於編者的刻意追求，本書所列舉的22條招數不敢說字字珠璣、條條嚴整，但它的權威性有目共睹——22條法則猶如22把警示之劍，高懸在每一個企業領導的頭上，順之則成功，違之則失敗。這不是危言聳聽，而是許多殘酷的事實早已證明了的！最後需要指出的是，書中的22條用人方法不僅僅專為企業老闆而設，凡胸懷理想，有志於成功的人士都將從中獲益匪淺。舉一可以反三，觸類可以旁通；運用之妙，存乎一心。掌握了書中的22條高招，可以使你——

把你需要的人才牢牢控制在自己手中
得心應手地用好身邊的每一個人
讓一個人做十個人的事
永遠使你的團體充滿旺盛的活力

目次

Table of Contents

第一招

用長

求全責備
則世無可用之才

企業領導必須獨具用人的眼光，分辨長短，用合理的策略激活員工的優勢，使其充分爆發出創造的熱情為企業生存的競爭增添人力保障；而不是長短不分，隨意取捨，結果給企業造成致命的傷害。

標準或條件有如一個個排列有序的柵欄，合格的候選人可能順利地通過，通不過的候選人即遭淘汰。柵欄太低、太多、太高都是不適宜的。

——德國人才資源研究專家M·阿卡耶

尺有所短，寸有所長

俗話說得好：「尺有所短，寸有所長」。一位合格的現代企業領導者必須懂得取長補短、以長制短的用人原則，而力戒長短不分，以短爲長的盲目行爲，這樣才能發揮員工在企業中的位置和作用。

善於管理的領導者應當知道下屬的優點和缺點，並在適當的時候和恰當的位置上運用其人，這樣就可以做到揚長避短了。在這裡，我們先從性格出發，來分析下屬的行爲特徵，從中分辨出下屬的「長」與「短」，以便給領導者用人起到參照作用。

①性格堅毅剛直的下屬，長處是能矯正邪惡，缺點在於喜歡激烈地攻擊對方。

②性格柔和寬厚的下屬，長處是能寬容忍耐他人，缺點在於優柔寡斷。

③性格強悍豪爽的下屬，稱得上是忠肝義膽，卻過於肆無忌憚。

④性格精明慎重的下屬，好處在於謙恭謹慎，卻經常多疑。

⑤性格強硬堅定的下屬，發揮穩固支撐的作用，卻過於專橫固執。

⑥善於論辯的下屬，能夠解釋疑難問題，但性格卻過於飄浮不定。

⑦樂善好施的下屬，胸襟寬廣，很有人緣，但交友太多，難免魚龍混雜。

⑧清高耿介、廉潔無私的下屬，有著高尚堅定的情操，卻過於拘謹約束。

⑨行動果斷、光明磊落的下屬，勇於進取，卻疏忽小事，不夠精細。
⑩冷靜沈著，機警縝密的下屬，善於細究小事，卻稍嫌遲滯緩慢。
⑪性格外向的下屬，可貴之處在於為人誠懇、心地忠厚；不足之處在於太過顯露，沒有內涵。
⑫足智多謀，善於掩飾感情的下屬，長於權術計謀。他們狡詐機智，富有韜略，在下決斷時卻常常模稜兩可，猶豫不決。
⑬性格溫柔和順的下屬，行事遲緩，缺乏決斷。因此這種人常常遵守常規，卻不能執掌政權，解釋疑難。
⑭勇武強悍的下屬，意氣風發，勇敢果斷，但他們從不認為強悍會造成毀壞與錯誤，視和順忍耐為怯弱，更加任性妄為。
⑮好學上進的下屬，志向高遠，他們不認為貪多務得、好大喜功是缺點，卻把沈著冷靜看作是停滯不前，從而更加銳意進取。因此這種人可以不斷進取，卻不甘心落後於人。
⑯性格沈著冷靜的下屬做起事來沈思熟慮，他們不覺得自己太過於冷靜以至於行動遲緩。因此這種人可以深謀遠慮，卻難以及時把握機會。
⑰性情質樸的下屬，他們的心地痴頑直露，行事直率。因此這種人可以使人信賴

他們，卻難以去調停指揮，隨機應變。

⑱富有謀略、深藏不露的下屬，善於隨機應變，取悅於人。因此這種人往往不易顯露其真實的想法，常常表裡不一。

以上十八類僅僅是一個概括，不可能包括所有人，但是，其中已經大體表明這樣一個基本道理：下屬各有性格特徵，皆有長短，關鍵在於領導者如何根據工作的特性去精心安排下屬。一位下屬的優點在企業領導者是調控下屬的核心，其職責是合理搭配下屬的優缺點，否則就是不稱職的。因此，善於發現下屬的優點和缺點，並揚長避短，是一位企業領導者不可忽視的用人之道。

不要死咬著「全」字不放

按照最理想的用人法則，充分地調動每位下屬的積極性是企業領導的工作目標。因此，試圖讓下屬成爲全才往往是企業領導的主觀願望。但是，在這種良好的主觀願望中，潛藏著一種用人之忌，即求全責備。

有人說，**領導用人之大忌就是全面要求下屬的工作能力都得到均衡發展，實際上這不是行之有效的用人之道，相反卻是一種苛求主義的領導觀念，如果求全責備，挑剔缺點，**

就很難識別人才。一個人，往往長處突出，短處也突出。對於德才兼備，我們也不要絕對化，要做到看主流，在選拔人才時如果能見其所長、避其所短，就能正確發現人才，使用人才。尤其要特別注意，發現那些雖有缺點，但有才能的人。一個人的優點和缺點常常是互相昭彰的。

例如一個人進取心強，敢冒險，敢闖前人沒有走過的路，有時難免有處理事情不周不細的毛病；一個人有魄力，有才幹，不怕閒言碎語，不怯習慣勢力，難免有時顯得過於自信和驕傲，如果我們求全責備、棄而不用，那麼，就會失去一大批精明能幹，勇於開拓的人。

克雷洛夫有一篇寓言，說一個人因為怕剃刀利，而棄之不用，改用很鈍的鐮刀刮鬍子，結果不僅鬍子沒有刮乾淨，還刮得滿臉是血。克雷洛夫最後寫道：「我看好多人也是用這種眼光來衡量人才的，他們不敢使用一個眞正有價值的人，光搜集一幫無用的糊塗蟲。」

我們要從這個寓言中得到啓示：所謂「一個眞正有價值的人」並非那種毫無缺點的人，而是指那些能在某一方面非常突出的人才——這種人才能夠勝任其職，成績顯著。但是如果脫離這種人才自身素質的特點，隨意任用，往往是對其才能與專長的破壞，結果適得其反，事半功倍。

①對有才能的下屬來說，不必一切方面皆是出類拔萃的，重要的是在某一方面要有突出的工作觀念和方法，而且在某一方面有幾個才華超群者，正是構成現代企業精神的靈魂，可以推動企業的發展。假如有意圖地給這樣人才灌輸德育知識，簡直可謂如獲至寶。

②對於受過教育而有專長的下屬，首先要求他必須忠誠正直，然後才要求他聰明能幹。如果是一個奸詐而又有才幹的人，這種人就不可接近。意即選用人才要堅持先德後才的原則。

③沒有私欲的下屬，可以任用其管理政務。因為秉公行事是一個企業持續發展的內在原則。

④對德才兼備實績卓著的下屬給以提拔，對德才低劣又無實績的下屬給以免職，對德才適中政績不突出的讓其原職不動。

上述四條原則，是現代企業領導用人必須考慮的基本原則。儘管我們主張德才兼備，但是更希望把這種主張作爲培養企業人才的目的，用寬容的態度鼓勵下屬在某一方面盡現其能，塡補企業的「智力空缺」。因此，企業領導寬容地對待下屬，洞悉他們的才能和品性，盡其所能，盡其所用，是使企業全面發展的動力。這種「整體原則」恰好與求全責備的狹隘主義相反，是一種非常有效的激勵原則。

不要棄人之短

一個企業是眾人的集合，有才華出眾者，有泛泛如眾者，有八面玲瓏者，有謹小慎微者……，問題的關鍵就在於：要用人之長，不要棄人之短，恰好是企業領導用人的眼光和魄力之所在。現代企業管理科學的領導理念是：一個人的短處是相對存在的，只要善於啟動他某一方面的長處，那麼這個人就可能修正自我，爆發出驚人的工作潛能。

英國康橋大學教授羅伯特．卡裡亞斯在《企業人才的革命作用》一書第三章〈怎樣學會辨識下屬之「短」〉中認為：「如果一個企業力圖保持競爭優勢，關鍵取決於決策者或者說是一般意義上的主管者如何組織人才網路結構，在高度發揮那些具備創造才能的職員作用時，切忌忽視那些在此時此刻尚有缺陷的職員的潛在作用，因為他們在彼時彼刻就會轉化成一種新的創造力，只不過外部機遇和個人潛質在現階段尚不成熟。因此，企業主管並不是一位高高在上的指揮家，而是一位善於容納百川的海。他所存在的問題是：如何廢舊為新？」

世界是一個自相矛盾的世界，任何事物的發展都存在著矛盾，而且常常自始至終地存在。所以矛盾具有普遍性，它無時不在，無處不有。從這個角度來看，即使人才有幾百種長處，他也還含有短處存在，那麼關鍵是你怎樣看待他的長短。如果你只看到他的短處而看不見他的長處，就有可能把人才輕而易舉地放走。這樣，你就會給自己增加一個對手或敵人。所以，自古以來，歷朝振興，在衡量人才時都是不拘一格的，只評論他做事的本領而不苛求細節末梢。

因此，對於應聘之人，我們可以選擇用與不用，而一旦你確定他是可用之才，就要很好地教導他，薰陶他，而不輕易放棄。

事實上，在現實中有幾種人構不成人才，一種是官氣過重的人，做事喜歡講資格、擺樣子，這種人體察不勤，辦事不精，沒有號召力，即使原來有些小才氣，天長日久也會變爲蠢材。另一種是強悍蠻幹的人。雖然他們敢於標新立異，敢想敢幹，但過於喜歡逞能，遇事只想到自己，不能照顧別人，一件事情尚未辦成，社會輿論卻已經沸沸揚揚，一個人做事後面要跟著十個人去收攤子，使用這樣的人會造成很惡劣的影響。此外，還有性格懦弱、意志不堅定的人不可用，阿諛奉承，無眞才實學的人不可用，急功近利、私欲薰心的人不可用。

領導和下屬的關係不是一種主宰與被主宰的關係，而應保持協同關係，引導下屬按照企業目標發揮潛能，當然，合理地糾正下屬的不足也是爲實現企業目標的。如果因人之短而棄人不用，就等於毀滅了一個有可能成爲企業發展的重要人力資源。這是一種看不見的浪費，極具危害，是聰明的企業領導爭奪人力資源的大忌。因此，用人之短不可取，棄人之短同樣也不可取，這是企業領導用人之要。

識人之短，用人之長

毫無疑問，最糟糕的企業領導就是漠視下屬的短處，隨意任用，結果就會使下屬不能克服短處，而恣意妄爲。

人之才性，各有長短。宋代司馬光總結說：「凡人之才性，各有所能，或優於德而強於才，或長於此而短於彼。」用人如器，各取所長。這是現代企業領導的最基本的管理才能。假如你是一位企業領導，對待不同類型的下屬，應當採取不同的用人之道，使他們克服短處，發揮特長，爲企業發展增添人力資源。

對一個人才來說，性情爲人也許是天生的。但作爲領導人卻能夠「巧奪天工」地運用他，使之能夠既顯其能，又避其短。**以下是十條用人的經驗之談：**

①性格剛強卻粗心的下屬，不能深入細微的探求道理，因此他在論述大道理時，就顯得廣博高遠，但在分辨細微的道理時就失之於粗略疏忽。此種人可委託其做大事。

②性格倔強的下屬，不能屈服退讓，談論法規與職責時，他能約束自己並做到公

正，但說到變通，他就顯得乖張頑固，與他人格格不入。此種人可委託其立規章。

③性格堅定又有點韌性的下屬，喜歡實事求是，因此他能把細微的道理揭示得明白透徹，但涉及到大道理時，他的論述就過於直露單薄。此種人可讓他具體辦事。

④能言善辯的下屬，辭令豐富、反應敏銳，在推究人事情況時，見解精妙而深刻，但一涉及到根本問題，他就說不周全、容易遺漏。此種人可讓做謀略之事。

⑤隨波逐流的下屬不善於深思，當他安排關係的親疏遠近時，能做到有豁達博大的情懷，但是要他歸納事物的要點時，他的觀點就疏於散漫，說不清楚問題的關鍵所在。這種人可讓他做小部門主管。

⑥見解淺薄的下屬，不能提出深刻的問題，當聽別人論辯時，由於思考的深度有限，他很容易滿足，但是要他去核實精微的道理，他卻反覆猶豫，沒有把握。這種人不可大用。

⑦寬宏大量的下屬思維不敏捷，談論精神道德時，他的知識廣博，談吐文雅，儀態悠閒，但要他去緊跟形勢，他就會因為行動遲緩而跟不上。這種人可用他去

帶動下屬的行為舉止。

⑧溫柔和順的下屬缺乏強盛的氣勢，他去體會和研究道理就會非常順利通暢，但要他去分析疑難問題，他就拖泥帶水，一點也不乾淨利索。這種人可委託他執行上級意圖辦事。

⑨喜歡標新立異的下屬瀟灑超脫，喜歡追求新奇的東西，在制定錦囊妙計時，他卓越出眾的能力就顯露出來了，但要他清靜無為，卻會發現他辦事不合常理又容易遺漏。這種人可從事開創性工作。

⑩性格正直的下屬缺點在於好斥責別人而不留情面；性格剛強的人缺點在於過分嚴厲；性格溫和的人缺點在於過分軟弱；性格耿直的人缺點在於拘謹。這三種人的性格特點都要主動加以克服。所以可將他們安排在一起，藉以取長補短。

一位優秀的企業領導，假如把每個下屬所擅長的方面有機地組織起來，就會給企業的發展帶來整體效應。換句話講，高明的領導者則會趨利避害，用人之長，避人之短；如此一來，則人人可用，企業興旺，無往而不利！

在一個人的身上，其才能有長處也有短處，用人就要用其長而不責備其短處。對專才來說，更應當捨棄他的不足之處而用他的長處。

古人說得好：「事之至難，莫如知人。」辨人才最爲難，而辨別專才的能用可否則更難。這是因爲事有似是而非的地方，例如「剛直開朗似刻薄，柔媚寬軟似忠厚，廉價有節似偏隘，言訥識明似無能，辨博無實者似有材，遲鈍無學者似淵深，攻忤謗訕者似端直，一一較之，似是而非，似非而是，人才優劣眞僞，每混淆莫之能辨也。」所以說，每一個聰明的領導人都要精於識別專才造成的假像，而辨別使用他們。

我們認爲，**使用專才時應注意：**

①不要以人的短處而捨棄人的長處。

②不要以自己的長處期望衡量別人。

③不可因小過而失大才。

④使用專才的智慧，應避免他把聰明才智用於欺詐；使用專才的勇氣，要避免他濫用自己的膽識。

⑤用專才時不僅要充分利用他們的長處，而且還要遮蓋一點他們的短處，不使他們難堪。

⑥對有雄才大略的人，不要計較其短處；對有高尚道德的人，不要刻意挑剔其小毛病。

選拔人才的最佳標準是德才兼備，但是事情往往是與自己的心願相違背的，那麼當我們退而求其次使用有缺陷的人才時，應該注意些什麼？

有缺陷的可用之才大體可分爲兩種：一種是才能不足之人，另一種是德行不足之人。對於才能方面明顯不足的人才，要對他們授以謹愼處事的秘訣，讓他們在日常的人際交往中正視自己的不足，注意虛心學習，同時也可以避免因逞強好勝而引起的是是非非。只有「論功則推於人，論過則引爲己責」的人，才能吸引有爲之人來到自己的身邊。

人都有優點和缺點，在用人時必須堅持揚長避短的原則。用人，貴在善於發展、發揮人才之長，對其缺點的幫助教育，固然必要，但與前者相比應居於次。而且幫助教育的目的，也是使其短處變爲長處。優點擴展了，缺點也就受到限制，發揚長處是克服缺點的重要方法，而且長處和短處是相伴相生的，常見到有些長處比較突出，成就比較大的人，缺點也往往比較明顯。因此，在選用人才時，要善於發揚人才的長處，以便做到人盡其才，才盡其用。至於那些膽大藝高，才華非凡，但由於某種原因受人歧視、打擊，而有爭議的人物，領導更要力排眾議，態度鮮明，給予有力的支援。

高明的領導者在管理職員時，應利用愛人之心糾正他們，按照職員行爲的準則來約束行爲。所以說，有了絕對不可違反的準則，必然會在良好的秩序下實現管理，領導者也就可以正常的行使權威。制定不隨意改變的管理制度、規範是高明的領導者進行管理的最根本途徑。

用人要用強項

現代企業的領導策略是特別重視個人專長，即讓每個人在自己的專長上發揮別人不可替代的作用，給企業效益帶來價值。因此，「用人所長」只是一個籠統的說法，更具體地說，這個「長」最好是你的下屬的某項專長。用人要用專長，只有這樣才能人盡所用。這是一位優秀的企業領導用人的精細表現，不可不明。

「駿馬能歷險，犁田不如牛。堅車能載重，渡河不如舟。舍長以就短，智者難為謀。生材貴適用，慎勿多苛求。」這是清代詩人顧嗣協寫的《雜興》詩，淺顯易懂，說明了用人貴在用當其才。

現在不少地方、不少單位競相開發、招攬人才，許多領導盡心費時來培養人才，卻忽略了人才的合理使用，造成了人才的浪費。解決這個問題，領導者一定要有系統思想，從全局的長遠的觀點來看問題。

①確實掌握下屬的能力特長，做到心中有數，尤其要注意那些從外表一時看不出的「隱性才能」。

②根據工作性質、特點的要求，在下屬分工上做到揚長避短，並根據工作中暴露出的問題及時調整。

③對學有專長，並適宜於某類工作的人才，不要因成績突出而讓其隨意改行，防止捨長就短。

④對具有較強的其他才能的人要果斷委以所任。專業人員一般不輕易改行，但確是適合別的工作，就要靈活處置。

⑤用當其才還要求破除「人才單位所有制」。領導者要有寬闊的胸懷，允許有合理流動，使那些身懷絕技而工作不對口的人才有用武之地。

在當今社會中，要做到用人專長，作爲領導一定要牢記下列原則：

①人不可能樣樣都會做，用人最好能使其盡力而為，不埋沒才能。

②每個人的才能是不一樣的，應根據他們的不同特長，讓其負責某項工作，而不能求全責備。

③用人宜專不宜雜。因此，一個人不兼任幾項要職，一項職務也不應兼管幾項事務。要求一個人具備許多人的才能，這是人才難以達到的。

④一個人擔任兩種職務，肩負兩種責任，雖然是天才也不能勝任。

⑤用人最怕的是說使用賢才，而不真心誠意地使用賢才。

根據人的稟性才能而因人施用，其具體方法是：

①使用人，酌量他的才能而任用，揣摩他的能力而任用。

②用他的長處而避開他的短處，使他精神振奮而不懈怠。

③他不知的給以指教，而不用自己所知去責備他。

④他不能做的給以引導，而不以自己所能去埋怨他。

通過上述四法，就可以使每個人的才能得到發揮。我們認爲，每位下屬的才能都各有特色應該以其所長，合理佈置，構成一種整體促進的作用。因此，有人說「一位智慧的企業領導切忌壓抑下屬的專長，而要在他所特有的專長方面點擊其激情」，這句話是有道理的。

現代企業極其重視「以人爲本」的管理思想，這一點與「以物爲本」的生產觀念是不一樣的。所謂「以人爲本」，正是現代企業如何用人的重要目的。如何從「以物爲本」的機械式管理轉化成「以人爲本」的主動式管理，已經是現代企業領導思考的重要問題。

我們的結論是：一位優秀的企業領導應當弄清楚自己下屬的本性和長短，並按其所能安排相應的職位和工作，從而給企業的正常發展制定一條切實可行的用人策略。如果做不到這樣一點，這個企業的用人原則就會混亂，企業的目標就會遭到重創。因此，這條戒律應當引起企業領導的高度重視，使每個下屬都能在自己相應的工作位置上爆發出創造潛能，給企業帶來良性循環。

第二招

因事

一加一不一定等於二
搞不好等於零

任何一個企業或公司裡面，需要哪些職務，需要做些什麼事，基本都已固定下來。作為領導者，如果為一個新來的下屬安排一個新的職務，這個職務肯定是多餘的，除了浪費企業的資源外別無作用，並且容易使別的下屬感到不滿。

凡事都有一個安置的地方，一切都在它應在的地方。凡是值得做的事，都值得你費心去找人完成它。

——英國管理學家E·特雷默

因人設事是本末倒置

因人設事到底有哪些毛病呢？

簡單地說，每個人都有自己的特長和弱項，如果根據取長棄短的原則給每個人安排一個職務，顯然是不可能的。如果硬要安排，只能是形同虛設，毫無意義。所以，高明的領導者善於因事設人，而不會因人設事；他會儘量堅持取長補短的原則，給每個下屬安排一個最適合的職務，但又不順從他們，而是在職務的限制下自由發揮。這就是因事設人。

「因人設事」之所以與「因事設人」相對立，是因爲它們體現了兩種不同的用人態度和方法。企業領導不應該漠視公司的實際需要而安置「多餘人」給企業帶來人浮於事的不良效果。因此，「因人設事」是企業領導不可不重視的戒律，而應以「因事設人」爲行之有效的用人原則，加速企業工作效率。

一般講，**「因人設事」有八大弊端：**

①使企業管理出現人員「擁擠」的現象，從而使企業效率低下。

②給企業管理帶來複雜的人際關係，以至於形成「關係網」。

③由於人浮於事，從而使企業的具體工作沒有秩序，沒有標的。

④會把企業的本位工作置於次要地位，而誇大人情的作用。

⑤會使企業在複雜的人際網路中逐步失去內在的活力和競爭力。

⑥會使企業人才遭到創傷，因為不正常的人際關係會制約有用人才發揮作用。

⑦會給企業崗位職責帶來破壞作用。

⑧會給企業帶來「僧多粥少」的管理困境，從而造成經濟效益短缺，財政支出浪費的現象。

「因人設事」的弊害非常多，最致命的一點是給企業恰如其分地運用人才，帶來負面效應，從而使企業徹底喪失內部管理機制，出現任人唯親的惡果。

一位對企業抱有責任感的領導，千萬要在「因人設事」與「因事設人」兩方面做出正確的選擇，否則就會重創企業發展的活力。

人要因事而設

與「因人設事」相對立，人要因事而設，這是不言自明的道理，具體做法是：

(1)各就其位

事業爲本，人才爲重，人事兩宜是用人的重要原則，它包括兩個方面的含義：第一按照需要，量才使用。社會的發展不僅迫切需要各方面的人才，而且也爲發揮人才的作用開闢了廣闊的道路。積壓人才，用非所學，不把人才分配到最能發揮其專長的地方去，強人所難，就會影響企業發展。第二要瞭解人，而且要瞭解得徹底，還要有全面的觀點，在使用人才時要職能相稱，量才適用，適才所適。

選人用人的時候，不僅要考慮全局，教育人們服從需要和分配，而且必須考慮人才的志趣、特長、氣質、能力，做到合理使用，讓每個人去幹自己最擅長的工作，爲他們提供充分施展才能的條件和機會，不要強人所難。這樣既能避免大才小用，造成人才力有餘，浪費人才，也能避免小才大用，才不稱職，貽誤工作。

(2)盡其所長

高明的領導者在管理人才時，總是根據人才的潛能，特長和品德合理的使用它們，分配給人才使用的權力必須足夠使其發揮作用，如果出現錯誤，結合其優勢督促人才合理改進，人才自然會愉快地接受。如果分配給人才的職位，根本不能發揮他們的才能，在這種情況下，人才連適應都來不及呢，哪裡還能發揮什麼天才呢？

(3)因人而宜

因此用人需根據偏才的條件進行安排，人才發揮作用建功立業也同樣需要有客觀條件，條件不具備時，人才即使有比爾・蓋茲、戴爾、楊致遠的能力，也會徒勞而無功，發揮不了作用。

另一方面，人才各有不同，有的人善於按最高管理者意志做事，能做到這點時，他就很容易滿足；有的人志在管理好全局，全局管理好了，他就會高興；有的人懂得管理社會事理，懂得什麼事現在可以做，什麼事將來可做，善於適可而止，長遠安排；如果能辨別以上各種情況，那麼這個領導人才能眞正稱爲伯樂。

做一個現代的伯樂並不難，只要你在人與事的主次上恰當把握，就會做到因事設人，而不是因人設事。這樣就會使企業形成每個人都能勝任自己的工作，每項工作都有合適的人來完成，從而提高企業工作的整體效益。一個企業要獲得和充滿生機，前提是人人有其責、事事有人做，時時見效率。而這正是因事設人的益處。

要視才而用

一位企業領導者主管人事，應該善於發現人才，讓下屬感到自己受到重視和賞識，充分發揮自己應有的才能。因此，視才而用是一位企業領導者必須堅持的管理觀點，也是因事設人的前提和基礎。

一位企業領導者要使用下屬，首先就是要去瞭解他的特點。十個下屬十個樣，有的工作起來俐落迅速；有的則非常謹愼小心；對於但求速度、做事馬虎的下屬，做領導者的若要求他事事精確，毫無差錯，幾乎是不可能的。可是，許多領導者明知這個事實，卻仍性情急躁地要求他們達到不可能有的工作效率。

每個公司的人事考核表上，都印上很多有關處理事務的評估專案，於是，有頗多的領導者就死守著這些評估專案，作爲人事考核的依據。然而在人事考核表上觀察一個人的工作情形，合計各項評估的分數，這是沒有多大意義的。

領導者應該採取實際的觀察，給予適當的工作，再從他的工作過程中觀察他的處事態度、速度、準確性、成果，如此才可眞正測出下屬的潛能。惟有如此，主管才能靈活、成功地運用他的下屬，促使業務蒸蒸日上。

對下屬有了明確的認識之後，才能妥善地分配工作。一件需要迅速處理的工作，可以交給動作快速的職員，然後再由那些做事謹慎的職員加以審核；相反地，若有充裕的工作時間，就可以給謹慎型的職員，以求盡善盡美。萬一下屬都屬於快速型的，那麼要盡可能選出辦事較謹慎的，將他們訓練成謹慎型的職員。只要肯花時間，必然可以做得到。

視才而用的基本原則是：下屬是一個什麼樣的人才？下屬是一個什麼樣的專才？這個下屬在其位置上的工作才能能否被別人取代？這個下屬能給公司帶來什麼樣的效益？假如這個下屬的才能不可替代，那麼他就是可以被視爲有用之才。

不管是因人設事，還是因事設人，都強調視才而用，只因用人都是以儘量發揮人才的長處爲原則的。

善於發掘人才

發掘人才是給企業尋找人力資源的重要途徑，企業領導應當關注這一點，因爲發掘不了人才，就等於不能使用人才，就等於浪費人才。有時候，企業或辦公室有一個重要的職務，但卻找不到具備這項專長的合適的人，這時，作爲領導者你就要主動在下屬中發掘需要的人才。

企業的生命在於人力，而最大的人力來源於領導者有效地發現所有下屬的才智，使其各盡所能。但是由於有些領導者經常使用自己信得過的下屬，而疏遠那些尚待發現的人才，致使某些工作難以展開。

甚至可能出現這種現象：「我沒有能力完成這項工作，因爲我缺乏這方面的才能。」有些下屬，基於先入爲主的觀念，不喜歡新的挑戰，而常會說出這種自暴自棄的話。問他原因，就會說：「公司領導從來就不讓我獨立地完成一些重要工作，只是充當別人下手而已。而我的才能，從來就沒有被發現過，也從來就沒有驗證過，所以我失去了挑戰自我的信心。其實，這不足以構成理由，但是說明了人才需要發掘的道理。假如企業主管不會發掘人才，是一種盲目管理，那麼怎樣避免這種現象的發生呢？

(1)主管要先瞭解部屬的優點、特長，考慮如何能使他發揮最大的才能。

企業主管應該敏銳地發現下屬潛在的才能，並且不灰心、不氣餒地幫助他發展才能。如果具備了這樣的精神，或許別人認爲平凡或一般水準以下的人，也有可能產生非凡的能力，這是多數人預料不到的。

某大公司的總經理，向來以擅長發掘人才聞名，他說：「人的性格是表裡合一的，外在行事大膽，個性就暴躁易怒，而表面細膩緊密，內在就很神經質。我在任用部屬時，就觀察他表面的長處，盡可能發掘長處，而包容短處，因為短處往往也可反過來成為長處。」

(2)根據工作屬性選任人才

企業主管要發現人才，必須根據所要做工作的特性，來尋找合適的人選，可以先多挑選幾個人，然後再從不同的方面加以精選，或者組成一個協作團體，使他們的才能組合起來，構成整體，從而符合「三個臭皮匠勝過一個諸葛亮」的用人原則。這就是說，發現人才實際上是對下屬工作能力的評估過程。

發掘人才，既需要眼光，也需要耐心，二者缺一不可。一個不善於發掘人才的企業主管，只能埋沒人才，給企業帶來經濟損失。因此，發掘人才是體現企業領導眼力和能力的標誌之一，不應漠視。

切莫錯認了對象

因某些主、客觀原因的影響，企業主管一下子並不能完全判斷準一個人，因此，可能會用不準人。碰到這種情況，一定要及時糾正，遵循因事設人的法則，因事設人，力戒避免用錯了下屬。

用錯人和沒有人用，哪一種情形比較可怕？沒有人可用，就會造成人員的欠缺，影響工作的進行，相當可怕。用錯了人，把工作的過程弄錯，結果一團糟，甚至留下一大堆後遺症，更加可怕。

公司應該制訂原則，對於沒有本事的員工，不予激勵。一方面可以促使員工自己提高警覺，要好好充實實力，並且隨時注意充電。一方面則讓大家明白，未受到激勵是一種合理的不公平，不必怨天尤人，應該反思自己，以免增加公司的浪費。

新進員工，經過甄選合格，證實並不差。進入公司以後，如果不知進修，遲早會因停頓而落伍，變成庸才。組織成長必須兼顧員工個人的情況，但是員工對於自己切身的問題，最好也要時常提醒自己「不進則退」，隨時把握充電的機會，充實自己的知識與能力。

公司對員工實施訓練，應該依據員工的受訓意願，做適當的安排。讓員工認清充電的重要性，知道公司給不給機會，乃是基於自己有否受訓意願或是否具有相當能力，自然知道自己應該如何來密切配合。

一個人要確保自己具有良好的形象，以便主管放心把機會交給他，或者樂意激勵他，最好的辦法，便是時常反省自己：「我的長處發揮了嗎？我的短處改善了嗎？」人沒有十全十美的，不必苛求自己的缺點。但是，每提升一階層，就應該為進一階層的需要而要求自己。

選用下屬切忌把不適合下屬的工作強加給他，而是使下屬在恰當的工作崗位上展示自己的所能，這是企業領導用對人的表現。反之，用錯了下屬就會給企業造成管理混亂、效率低下，完全破壞各就其位、各盡其能的用人原則。這一點，應當是一名善於合理用人的企業領導切忌犯的錯誤。

一個蘿蔔一個坑

「一個蘿蔔一個坑」，是對因事設人標準的通俗解釋。

凡事有標準好辦事，領導者如果給因事設人設定一個標準，以後一切就會有章法可循，有效益可得。相反，因事設人失去標準，就會使人事混亂。因此，根據一定的標準，找出一系列切實可行的因事設人的標準顯得非常重要。那麼，如何才能做到這一點呢？

(1)善於體察員工合理的要求

員工各有不同的需要，也都希望能夠獲得滿足。但是，你也需要，我也需要，彼此不免有些衝突，可能引起爭執。這時必須大家顧全大局，在圓滿中分是非，才能夠適當化解衝突，避免爭執。

在圓滿中分是非，並不是不分是非。顧全大局，並不是只重和諧不重是非，也不是盲目相信上級的是非。每一個人，都應該合理地堅持自己的意見，堅持的程度與自己的把握成正比，用結果來證明自己的判斷，以維護自己的形象。

(2)分析員工的自主要求

具有自主覺醒的人，不會盲目順從，也不喜歡按照他人的安排一成不變地去遵行。換句話說，他喜歡自己去尋找答案，也對自己找到的答案負責，以肯定自我的價值。自主的員工，必須養成「自己做好計劃、自己切實執行、自己嚴格評估」的習慣。凡事能夠自動自發，而且有做得好的實力，才是眞正自主的人。

有些自恃才高八斗的人，不聽指揮，一切全憑自主，弄得同事無法合作，以致孤立無援。可見自己力求改善，且從他人的眼中找到眞正的自己，乃是自主的先決條件。

(3)關心員工工作的環境氣氛

良好的工作環境給員工帶來氣氛融洽、心情舒暢的感覺，他們覺得前途十分光明，因而樂於追求自我理想的實現。

(4)把內外兩種因素結合起來

內、外因素看似互不干擾，其實不然。外在的因素過強，有時會影響到內在因素的力量。例如某甲原本十分喜歡做某事，當他做好以後，受到外在的獎勵，某甲反而懷疑自己做某事乃是爲了獲得獎賞，不太像是自己喜歡做的。下一次沒有外在的獎勵，而自己仍然樂意去做某事，他會覺得自己原來還是十分喜歡，這種內在的激勵，帶給他更多的喜悅。可見維持與激勵因素是彼消此長，互相影響的。

只有標準設定之後，因事設人才能眞正比因人設事更能有效！一個公司如同棋盤上井然有序的棋子，只有根據一定的規則和技巧，才能使每個棋子在其相應的位置上發揮功用，爲全局的贏面創造可能性。同樣，企業領導作爲一名「棋手」，就應該制定和遵循合理的規章，有效地管理公司員工，激發他們投入工作的熱情和力量。一名企業領導要以企業目標爲最重要的行爲指南，那麼，就能在「因事設人」的原則指導下，逐步使員工的分配合理，給企業增加人力資源。因此，因事設人的標準往往有三點：一是摸透員工，二是

第三招

透視

看不清楚的人
難以用到關鍵處

先了解一個人的本性，才能用好一個人；不了解一個人，就不能用好一個人。了解下屬是用好下屬的前提，不了解下屬的領導者屬於盲目用人，像抽籤一樣把下屬分配到各自的崗位，根本無法做到人盡其才、人盡其用。

說到底，企業的一切工作都可歸結為三個方面：人員，產品和利潤。首先是人。除非你掌握了一批優秀的人，否則，你在其他兩個方面不可能有什麼作為。

——美國辯論大師李・雅科卡

識人才能用人

怎樣才能識人？其先決條件在於能公正無私，一視同仁；老闆必須具備如此胸襟，方能發掘眞正人才。

(1)歸納知人之難原因，首先是客觀障礙：

①人不能以科學方法分析試驗。所謂「知人知面不知心」，人之表裡未必如一，因人心不同，各如其面；有諸內者，未必形諸外，願乎外者，未必存乎內。所以孔子曾說：「以貌取人，失人之羽；以言取人，失之宰予。」

②人之學行，因時而易；互有長短，隱顯不一；其變化因時因地均各有不同，甚至同一人在同一日情緒亦有所變異，起伏難測，捉摸不定。

(2)其次是主觀障礙：

①好惡愛憎囿於個人偏見與成見，此即心理學上之月暈效應，因而，憎者唯見其惡，愛者唯見其善。孟子說：「人莫知其子之惡，人莫知其苗之碩。」司馬光也講：「心苟傾焉，則物以其類應之，故喜則不見其所可怒，怒則不見其所可喜；愛則不見其所可惡，惡則不見其所可愛。」故愛憎之間，所宜詳慎。再者領導者若本身缺乏鑑評他人之能力，或私心自用，忌真才、喜奴才，以求鞏固

其既得權益，亦因而埋沒人才。

②受資歷、資資格、現實問題等因素的限制，人才易被埋沒。我們若一旦誤奸為忠，誤惡為善，誤愚為智，則必誤人誤己，敗事有餘。反之亦兩失其平。故欲求知人善任，必先袪除上述障蔽，方能奏其功效。

每個下屬的個性都有差異，影響因素甚多，包括出身、背景、環境、習慣、交友、階層、職業、生理、動機、願望等。故身爲企業領導，要知道下層的個性，必須客觀瞭解對方體形、容貌、身世、品德、性格、修養、智慧等情況，設身處地，深切體察，瞭解對方本質及其環境，作合乎情理的評價，萬不可先入爲主，臆斷爲事。

要成爲一個有遠見的領導人，他必須懂得人是有個性，有特徵的，只有瞭解人的個性特點，才能夠眞正做到管理好企業。古人指出：用駿馬去捕老鼠，不如用貓；餓漢得到寶玉，還不如得到一碗粥。所以，在管理中應根據人的不同情況而採取不同的辦法使用。這方面有許多正面見解，現不妨從另外一個方面舉八條。

(3)瞭解下屬的方法：

①有德者不看重金錢，不能用物利去引誘他，可以讓他管理財政。

②勇敢者蔑視困難，不能用艱險去強迫他，可以讓他處理緊急事務。

③睿智者通達禮數明事理，不能假裝誠信欺騙他，可以讓他負責要事。

④愚拙者容易被欺騙，不可從事談判、判斷工作。
⑤不忠者容易動搖，不可讓其知曉商機。
⑥貪圖錢財者容易引誘，不可管理錢財。
⑦重情者容易變換觀念，不可讓其做決策者。
⑧雜亂者易把事情弄得亂七八糟，不可從事井然有序和長效性的工作。
用人難，識人更難。上述八條，可以參照。

洞察下屬的欲求

凡人都有欲求，只有洞察下屬的所有欲求，才能懂得如何激發他們的工作熱情！這是企業領導者贏得下屬尊重、調動下屬活力的方法。當你明白了下屬做事是因爲他們有獲得幸福的某些基本需求和願望之後，你就容易理解他們的行爲了。一個人所做的一切，其目的都是指向獲得那些基本需求和願望的。

首先是身體的需求。滿足一個人衣食住行的身體需求可能成爲促使這個人採取某種行爲的特殊目的，企業領導者應當關心下屬「生活需求」，盡可能給他們解決實在的物質待遇。

例如：有房住房，或住房是否合適；某一天的健康狀況等，這些看起來雖然是小事，但是卻處處體現出領導者對下屬生活問題的關心，極易打動人心，產生親近感。達到這種效果，就能做到從下屬的實際欲求方面排憂解難，調動他的工作熱情，使他爆發出更大的工作能量。

其次是學來的需求。學來的需求是一個人在生活中從他被評價以及別人對他的態度的感覺和觀察中學來的需求。心理需求，諸如對安全的願望、對社會稱讚的願望，以及對社會承認的願望，都可能比某些身體需求更爲強烈。人們有可能會不擇手段地去取得它們。

你可以用人的心理需求或者願望作爲目標去激發他，這往往要比滿足身體需求有更爲明顯的效果，你也很容易從他身上得到你所需要的東西並贏得用人的無限能力。每一個正常人基本上都有如下的幾種學來的需求或者願望：

①對其自我成就與價值的認可。
②感到自我滿足，有一種自負感。
③有優勝的願望，有名列第一的願望，有出人頭地的願望。
④個人可支配的權力的慾望。
⑤金融成功：有錢，有錢可以買到的東西。
⑥得到社會或團體內的稱讚，被同等地位的人所接受，有自尊自傲感。

⑦身體健康，沒有任何疾病，身體舒服。

⑧有創造性表現的機會。

⑨新的經驗。

⑩有各種形式的愛。

⑪悠閒自在。

⑫有心理上的安全感。

以上這些學來的需求或者願望的順序，除了有心理上的安全感這一條之外，都不是按其重要與否來排列的。之所以將有心理上的安全感這一條排在最後，是因爲如果前幾條中有任何一條沒有取得，一個人也就談不上有什麼心理上的安全感了。

這裡的關鍵在於，這些需求或願望中如果有任何一條終生未能達到，這個人就不可能是完全滿足和幸福的。如果你幫助他得到了這些，你就會讓他做什麼他就做什麼，於是你也就掌握了用人的藝術。

說來用人是一門藝術，每位企業領導者應當深知用人不是技術，而是根據下屬欲求的合理性全面調動他的工作欲望。如果一名企業領導者能夠最大限度地把下屬的欲求轉變爲其工作欲望，那麼這個企業領導者就是一位用人大師。因此只有當你洞察了下屬的欲求之後，才能眞正地瞭解你的下屬，才能達到善用人力的效果。

瞭解下屬的年齡

年齡往往是企業擇取員工的條件之一，這說明工作年齡的問題經常是企業用人的客觀要求。據美國一九九九年十二月《工作年齡階層狀況報告》分析，高齡（五十五～六十歲）、中齡（四十五～五十四歲）、年輕（十八～三十九歲）等三類劃分是最常見的，其中「尋找最佳年齡工作者」的觀點，旨在提高工作效率，使自己的公司在年齡化上形成持久的連續性和長久性。下面試做分析。

一般主管認爲年紀大的雇員有以下的缺點：

(1)體力衰退：年紀漸長，體質相對地有衰退現象。視力與腦細胞記憶力衰退，是最明顯顯示老化的器官。

(2)薪資偏高：由於每年按百分率加薪，一位年屆五十的下屬，薪金比年屆三十的下屬高出許多。他們做同樣的工作，年輕的體力比老年者佳，造成下屬薪金不平衡的情況。

(3)接受事物的能力有限：隨著科技的進步，電腦被大量應用。而年紀漸老的下屬，學習新知識的能力較低，公司若花錢給他們學習，又距退休日子太近，徒然浪費資源。

(4)缺乏衝勁：高齡員工本身有自知之明，認爲如何拼命，公司也不會重用他，因而出現因循苟且的工作態度。由於工作方面沒有紕漏，公司方面難以有藉口將之解雇。

以上種種原因，都對高齡下屬非常不利；中齡下屬亦不見得好多少。所謂中齡下屬，即是由三十五歲至五十歲之間。他們曾經歷過一段掙扎期，截至目前已是穩定階段，因而他們一般會有以下特質：

(1)服從主管指示：由於在商場輾轉多年，深知市場的需要，也瞭解自己的能力；在久亂思安的心情下，對主管的指令均顯得較爲服從。

(2)多做兼職：年輕時代的玩樂時期已過，要求高一層次的享受。爲了使自己或家人生活較佳，多做兼職是惟一的選擇方法。

(3)注意實際：他們不願將時間耗在人際關係之上，同事之間的相處，多是只建立於辦公室內。

大多數主管均選用年輕雇員工作，卻不考慮高、中齡下屬也有其優點。一個員工在同一行業裡站穩多年，他必對該行業有很多認識，有著豐富的寶藏。但由於年紀大了，或者在同一地方工作長了，由於缺乏新鮮感，衝勁和鬥志也減退，表現固然平穩，但較難進一步提高他們的工作效率。主管應借助一些機會或場合，當眾稱讚這些年資較長的員工，但另一方面，也要私下向他們提出公司的要求，鼓勵他們繼續發揮智慧。

一般年長的雇員由於害怕失去職位，因而對工作非常重視，所以獎勵和稱讚對於年長雇員非常有效，他們感到公司重視自己，因而就會做得更好。相反地，若肆意批評他們所作的事，他們不但未能改正過來，還會惡化下去。原因是一方面，他們沒有改變現狀的方法；另一方面，尊嚴受損使他們產生沮喪和失望，往後的工作質素更差。

年輕的員工的優勢在於能幹，但是由於心理不成熟，缺乏工作經驗，往往容易造成工作失誤，對高齡的同事有種潛意識的排斥和抗拒感，而以「你落伍了」「你已不合潮流」「為何還不退休」，甚至「阻礙地球轉動」的不敬言語攻擊高齡同事。

再者高齡的下屬適應能力較低，經常改變他們的工作和環境，會影響其工作情緒、效率以及質量。經常調遷高齡下屬，只會對自己造成不便。當然，忽略他們的存在，不經常留意他們的工作情況，高齡下屬便很容易成為冗員。高齡下屬容易產生自卑感，除了是年輕同事的惡意嘲弄外，主管的漠視也是主因之一。

下屬的年齡不同，反映出來的問題也各不相同，只有瞭解了下屬的年齡之後，企業領導才能更好地根據年齡特徵，全面地考慮因人而異的原則，使他們在各自的工作崗位上顯示出特色。領導用人竟然要考慮下屬的年齡，看樣子，用人之難，用人之細是關係到企業內部機制的運作問題，不能當做一件小事看待。

善於觀察下屬

在工作中要善於觀察你的下屬這是很有必要的，這能夠促使企業領導洞悉下屬的心理、想法、欲求，能夠眞正發現下屬潛在的特質，抓住這一點，就能夠比較好地抓準下屬、用好下屬。因此，觀察下屬是企業領導給下屬定位的方法之一，不可疏忽。

事實上，**許多人擁有優厚的潛能，只是性格上有些缺點；如果身爲上司的你能適當地安排，使他的缺點變成優點，就可以充分發揮他的潛能**。

忽略下屬的性格，勉強他們做不適合的差事，結果受挫折的將是上司。有些人以爲定下的原則，如鋼鐵般不容下屬破壞，更不容許他們以任何理由拒絕。這實屬呆板的做法，因爲原則是死的，人卻是活的。

領導者必須要牢記一句話，就是：當面怕你的人，背後一定恨你。試想想你最怕看見誰，就知道你其實非常厭惡他。所以，不要使下屬怕你，這是身爲上司的第一規則。因爲你的下屬每天均留意你的表現，你的笑容、嚴肅、皺眉，都顯示你當天的情緒。

你必須進行雙軌溝通法，意思是你被下屬瞭解的同時，也要對下屬們做出長時間的觀察和瞭解。

有些人的自尊心特強，一部分是源於潛意識的自卑感。這種複雜的情緒構成反叛性格，面對上司時，依然擺出一副「不易屈服」的態度。如果上司與下屬各持本身性格，不願稍作遷就，結果造成雙方關係僵持；對於身處高位的管理階層絕非好事，這只是顯示出你的管理方法失敗。

事實上，無論對方是否是下屬，命令式的口氣均應禁絕。除了尊重對方之外，也使對方在執行時減少壓力。例如A上司對秘書說：「給我一杯咖啡。」而B上司則說：「請你給我一杯咖啡，可以嗎？」前者是典型的指示口氣，後者則是詢問口氣。在聽方看來，當然認為上司用詢問式的口氣指示自己，有一種被尊重感。

再例如：「這件事靠你了」「這件事依你的主意行事吧」、「有你份兒做，應該沒有問題了」「我想不到比你更適合的人選」「這件事還是由你親自處理，我會較為放心」等語調，使對方有被重視及不能有負所托的責任感，尤其是當在其他同事面前，無形間給與他「不能失敗」的壓力。在壓力的推動下，潛質是會較容易發揮的。

善解人意

善解人意，是衡量企業領導是否從心理上打動下屬的一個重要方面，惟其如此，才能深入下屬的心靈深處，眞眞切切地把下屬當做人來任用，力戒把下屬當做機器人擺置。作為主管，到底你對自己的下屬認識有多深？

即使曾在同一工作單位相處五六年之久，有時也會突然發現竟然不曉得對方的眞面目，尤其，自己的下屬對他的工作有怎樣的想法，或者他究竟想做些什麼，這些恐怕你都不甚清楚吧！

作爲主管，應時時刻刻不忘提醒自己對部屬「毫無所知」，懷有這種態度，才能不忘處處觀察部屬的言行舉止，才能眞正瞭解下屬。

如果主管能夠充份瞭解部屬，那麼無論是在工作或人際關係上，都可以列入第一流的主管。

要瞭解部屬，必須做到以下幾點：

①假如你自認已經瞭解部屬時，實際上你只在初步階段而已。如果連這些最起碼的都不知道，那根本就不夠資格當主管。

②不過，瞭解部屬的真正意義並非在此，而是在知道部屬內心世界。主管若能與部屬產生心靈共鳴，部屬就會感覺到：「他對我真夠瞭解」，到這種地步，才能算是瞭解部屬。

③到達第一階段者，充其量只能說是瞭解部屬的某一面而已。當部屬遭遇困難時，若能事先預測，而給予適時的支援者，才算更深一層的瞭解部屬。

④第二階段就是要知人善任，使部屬能在工作上發揮最大的潛力。知人善任，就是對下屬能力的充分肯定，也是對其工作的有力支援。

總的來說，主管與部屬彼此之間要有所認識，相互心靈上的溝通、有力支援，尤爲重要。

好主管和部屬之間只有一線之隔，壞主管和部屬之間卻隔著一堵厚厚的牆！

不怕年輕下屬個性強

前面我們說過，企業領導應根據下屬年齡的不同而採用不同的方法。其中，又以年輕的下屬最難用；但是用的好，他們又往往能使出最大的勁，爲企業做出最大的貢獻。所以，切記不要忽視對年輕下屬的使用！

年輕下屬通常分爲三類：

①充滿求勝的欲望。

②做事得過且過，常想著要自立門户。

③隨波逐流、唯命是從，只要求有份工作，不知理想為何物。

無論屬於那一類型，他們均同是擁有一股幹勁，只是不懂得如何自我發揮，或根本不願意發揮。身爲他們的上司，引導他們發揮幹勁，是你不能逃避的責任。那麼，如何幫助下屬發揮其幹勁？

(1)給與一些較重要的工作：許多上司習慣指派某些下屬做重要的工作，卻從不瞭解其他下屬能否擔當同類工作。因此，造成有些人忙得透不過氣，有些則被投閒置散。

(2)給與下屬適當的座右銘：有些下屬過分急進，把衝動誤以爲幹勁。面對這類年輕人，應贈予一些處事技巧的雋語給他們；讓他們知道凡事按部就班，瞄準機會，不應亂衝亂撞，壞了大事。

(3)少貶多褒：年輕人的自卑心極強，被上司稱讚，就會喜不自勝；被貶則沒精打采。上司應多予褒揚，他們才敢於更進一步。

對事業心強的年輕下屬，都會把自己的想法提出來，期望得到上司的認同，從而肯定自己的才能。遇到這類型的年輕下屬，主管有福了；因爲這等於得到一個寶藏，只要懂得如何開採，其利無窮。

愚蠢的主管肆意地駁回年輕下屬的建議，或乾脆擱置一旁看也不看；對於年輕下屬來說，這是一種侮辱——表明自己在上司心目中毫無地位。無論他的創意是否管用，也要予以鼓勵，倘若決定採用，就要與他一起研究進行時要注意的地方。千萬不要採納甲的建議，卻拿出來與乙談，然後再交給丙去執行。如此一來，甲不願再提出有建設性的意見，乙沒多大心情去分析事情的利弊，丙卻成爲一副機器，只是做而不懂建設。

上司應對年輕下屬進行有步驟地進行指導，包括效率與素質並重的處事方法，以及鼓勵他們多學、多想、多實踐，缺一不可：例如親自傳授一些心得，開辦一些短期課程、聘請專業人士授課、定期或不定期的演講等，使年輕下屬瞭解上司是一個言行一致的人。對於工作效率和素質，不但有所保持，且要求不斷提高。

對年輕下屬，切忌濫用高壓政策，因爲，在任何環境之下，對下屬採用高壓政策，只會培養出兩種性格的人：一爲反叛型；一爲奴隸型。

反叛型的年輕下屬對公司會造成或多或少的破壞，效率和素質都只屬表面性質，後遺症卻多著呢！例如下屬陽奉陰違，表面替公司工作，實則替其他公司工作，並給公司帶來損失。奴隸型的年輕下屬欠缺主動，惟利是圖，沒有主見，久而久之，會失去對工作的敏感度，降低工作進度。

許多上司採用高壓政策控制年輕下屬，主要是對自己的才能沒有信心。他們想在最短的時間內，發揮全面控制的效果，除了以高壓手段外，實難有其他方法。管理下屬，是沒有速成的；必須按部就班，給下屬有足夠的心理準備，才易於爲人所接受。

要使年輕的下屬積極投入工作，首先要讓他們明白工作的意義。讓他們知道他們的工作步驟與公司效益有關。另外，主管應懂得針對年輕人崇拜偶像的心態，讓一些具有專業知識的人引導他們。這個角色可以是主管自己扮演，也可以指定一些資歷較深的下屬擔當。

企業主管要想調控好下屬的潛在勢能，必須關注年輕下屬這個非常強大的工作群體。在年輕人眼中，工作即是效益，或者說，工作即是價值。企業主管正是根據年輕人求職、任職的工作觀念，充分激發出年輕人所具備的才思與熱情，使得他們形成一個有凝聚力的「工作族」。有了這樣一群「工作族」，企業就會充滿活力，加速企業目標的推進；特別是如果這樣「工作族」能夠與經驗豐富的其他不同年齡的員工融爲一體，那麼，企業就會形成強大的競爭力。因此，企業領導力戒以所謂缺乏經驗、身心不安、疏忽大意等理由，輕視年輕下屬的潛在勢能，否則就會失去最有活力的人力資源。

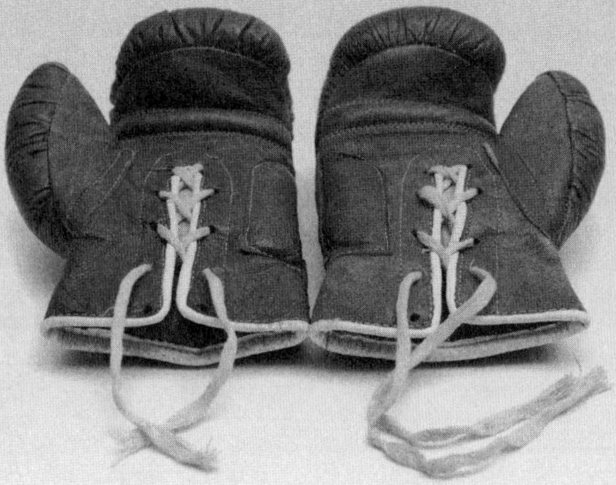

第四招

分權

當下屬能自己管好自己時
不管他們最好

讓下屬也能有一點權力，讓他們主動地發揮出聰明才智，為企業增添光彩。合適的放權則是讓下屬充分展示個人才能的手段。現代企業領導的權力分配方法：切忌專權，學會放權，善於集權。

為了提高效率和控制大局，上級只保留處理例外和非常規事件的決定權和控制權，例行和常規的權力由部下分享。

——美國管理學家泰羅

不要做監工

從表面形式上看，用人是上級對下級的一種權力運用。但是如果簡單地這樣理解，那就錯了，因爲用人不是權力專制的表現，而是權力調控的表現。

權力是一種管理力量，權力的運用則是有法度的，而不能是企業領導個人欲望的自我膨脹。因此一個高明的領導或上司，首先要明白一點：自己的工作是管理，而不是專制；也就是說，上司不是監工，因爲監工即是專權的化身。也許監工式的管理一時有用，但不可能時時生效。牢記這一點，會對企業領導的用人方式帶來益處，至少不會遭致下屬的心理抗拒，容易使雙方形成平等、融洽的人際關係，從而創造一種良好的工作氣氛。

儘管知道某下屬的能力較高，可以授權他做更多事項，但是不能從已經接手進行工作的下屬手中，把事項移交到前者身上。除非主管認爲後者已無能力將事情辦好，但是要有證據顯示，方能服人，以免吃力不討好，影響兩者的工作情緒。

由計劃、開會以至進行一項工作，主管當然有責任和權力去參與。然而，過分的干擾，卻造成下屬的依賴心，無法突出個人表現。

不管什麼時候，與下屬一起研究工作，指派了某些下屬進行後，就放心讓他去處理。在適當的時候，詢問下屬一些問題，防止他偏離目標，但不等於干擾。例如問他是否要協助、工作進度如何、可有遇到困難等。

主管主觀的判斷會影響下屬的工作情緒，使他們不敢放膽去做。因此，主管應站在客觀的立場，看下屬的工作進度。「我認爲這樣不好」的說話，改爲「你認爲這樣會較好嗎？爲什麼？」下屬聽來較易接受，以及幫助他更瞭解工作，方便工作的進行。

放此權力下去，才能收得人心上來，其實這是一個很簡單的道理，也是一種等價的交換。對一個企業領導而言，徹底改變監工身份，有時候並不是簡單說說而已，這種觀念的轉變要靠自己的實際工作來體現，眞正做到由專權而放權的角色轉換，切忌誤以爲專權就是大權，放權就是失權；相反，放權能夠贏得下屬的誠信，會使下屬更加尊重你的權力，而使你的權力從本質上起效應。而專權只能是迫使下屬表面服貼，卻贏不了人心。

濫用權力只能招致不滿

權力是企業領導表現自己管理手段的體現，但無數事實證明，過分保護和誇大這種權力欲望就會存有私人目的，就會濫用無度。**濫權是對權力價值的破壞，任何權力都得有一定的限制和範圍，如果硬要突破這種限制和範圍，就會超出度外，形成「權力擴張」的現象，最終會危及企業利益。**

(1)切忌代辦一切

命令是讓下屬執行的措施，而企業領導不能代辦命令。

「這是業務命令，你就照這方法做，不然，我就把你開除。」

像這種不顧部屬立場，強制的命令方式，是身爲主管者絕對要避免的。因爲這樣，只會徒然增加部屬反抗的心理，收到相反的效果罷了。

有些主管，當部屬不按己意而行時，往往不願花點時間與部屬商談一下，馬上搬出權力，想藉以操縱部屬，明白表示，他不相信部屬的能力。

「要相信部屬」——這是最重要的。欲期待部屬有所表現時，首先要相信他的能力。

(2)切忌漠視下屬

每位下屬都有自思、自尊，否則他就沒有個性。沒有個性的下屬是好下屬嗎？顯然不是。企業領導千萬不能盛氣凌人，目空一切，應該尊重下屬，合理地發佈命令。無論多不可靠、多無能的部屬，一旦交付予他工作，就不可輕視他的能力。對其努力的行動應儘量給予援助，即使自己有好的構想，也要放在心裡，在部屬未提出比自己更好的提案前，要耐心地幫助他們，給予他們意見和忠告。

在平時，部屬通常有他自己的行事計劃，當上司突然下達指示時，不得不將原來計劃加以調整，或刪去一部分或追加一些。假如這只是偶發的現象，倒無所謂；若是經常發生，部屬難免會心存不滿。因此，當下命令給部屬時，不妨多加幾句話：「我知道你現在很忙，不過……」、「我想你可能頭一次做這件工作，不過……」。

說這些話對你來說，是輕而易舉的事，但卻能讓部屬感到你在爲他的立場著想，而心甘情願地讓步。

切記不要濫用權力，隨時隨地叱責或命令下屬做某件事，而要適當放權，讓下屬有更大、更多的主觀能動性。需要重申一點的是：濫權是一種私欲膨脹的自殺行爲，最終導致用權者無權或失權。

要信任下屬

與下屬建立良好的信任關係，是企業領導試圖達到的一種理想的用人狀態。所謂「疑人不用，用人不疑」，講的就是這個道理。領導之所以緊抓住權力，其中一個重要的原因就是不信任下屬，怕下屬把事情辦砸了。因此，領導放權的一個前提就是信任下屬。沒有信任，上下級之間很難溝通，很難把一件事處理好，甚至受到阻礙。

信任下屬——要做到這一點，必須是在可以信任的基礎上用人，否則可以堅決棄而不用。因爲沒有信任感的用人，即使委以重任，也形同虛設，達不到應有的作用。「疑人」

是必要的，但不是「用人」的前提。假如一個下屬某些方面存在嚴重不足，已經屬於「疑人」範圍，要麼拋棄而不用，要麼等到條件成熟後再用，不必非要冒險，這是常識。

企業領導對人才要充分信任，放手讓他們工作，大膽負責。**信任是對人才的最有力的支援**。首先要相信他們對事業的忠誠，不要束縛他們的手腳，讓他們創造性地開展工作。其次，要相信他們的工作能力，既要委以職位，又要授予權力，使他們敢於負責，讓他們明確自己的職責，忠於職守。遇事不推諉，大膽工作。對人才的信任和使用，還包括當他們工作中出了毛病，用人者要勇於承擔責任，幫助他們總結經驗鼓勵他們繼續前進，給予堅決的支援和有力的幫助，從而把工作進行到底。

用人不疑還表現在敢於用那些才幹超過自己的人。在這方面，有的用人者卻缺乏勇氣和信心，對他們手下那些才幹超群，特別是超過自己的人，總感到不好駕馭，在使用上有種種限制，寧肯將職權交給那些平庸之輩，也不交給超過自己的人。

一**般講，信任下屬有這樣幾個要點：**

①相信下屬的道德品質。

②認可下屬的工作態度。

③理解下屬的內在欲求。

④明白下屬的工作方法。

⑤肯定下屬的工作才智。

⑥信賴下屬的工作責任感。

有人說，最好的企業領導是在下屬中有充分信任感的人，同樣，最好的下屬是在企業中能引起領導和同事充分信任的人。這說明，只有雙方信任，領導才願意用你，你才願意被用。

信任不等於放任

從某個方面講，信任是領導對下屬品質、能力的充分肯定，讓他按照制定的原則行事；但是這絕不意味著讓那些不具備良好品質和突出能力的下屬任意所爲，以至於破壞企業形象。因此，信任是一種理解和依賴，放任則是一種散漫和縱容，切忌混淆了兩者的關係。

爲了讓部屬執行值得信賴的工作，領導者該採取什麼樣的方式呢？主要有：

(1)切忌不管不問：指導部屬工作的方針是防止這一點的關鍵。要部屬執行內容能信賴的工作，其基本方針是指導。由於有時會墨守成規或惰性習慣，所以要經常留意部屬工作的狀態，反覆給予必要的指導。

(2)防止疏漏工作環節：要做到這一點必須嚴格執行對工作的指示，例如工作的截止日期、領導者所要求報告的形式與次數等，要具細無遺地指示部屬完成工作的重點與應注意的事項。即使相信他會遵守領導者的指示，但如果指示本身不明確或有疏漏，被信賴的部屬出於好意，勉強執行，結果卻未必會與領導者的想法百分之百吻合。因此，希望部屬能遵守的指示必須要明確。只要指示能明確地表達，就可以相信對方能執行指示。

(3)力戒死板教條：工作的狀況經常會變動，可能足以妨礙部屬的工作效率。雖然領導相信部屬一定能巧妙地應付那些變化，但有時變化會超出部屬的職權，與其讓部屬竭盡心力，不如領導者要憑著本身的觀察，以及認眞接受工作或部門狀況的報告來判斷，指點迷津。

(4)不要靜以待之：領導者要能掌握先機，實行與關係部門協調或支援等必要措施，及時解決出現的問題，不要坐以待命。

經由上述努力，領導與下屬之間才能形成良好的信任關係，才能使工作完成起來有章有法。這樣的放權，才可以說是眞正地信任部屬。最後，提醒諸位領導注意以下兩點。其一：必須日積月累地努力建立與部屬之間的信賴關系。其二：信任部屬與放任是兩回事，不可怠於工作管理的努力。而對放任進行預防的最好辦法，就是監督。

一個領導，即使他有再大的精力和才幹，也不可能把公司所有的職權緊抓不放而事必躬親，他總是需要把部分職權交給部屬，讓大家來共同承擔責任。

不負責任地下放職權，不僅不會激發部屬的積極性和創造性，反而會適得其反，引起他們的不滿。高明的授權法是既要下放一定的權力給部下，又不能給他們有不受重視的感覺；既要檢查督促部屬的工作，又不能使部屬感到有名無權。若想成為一名優秀的領導人，就必須深諳此道。

要做到防止、放任所帶來的弊害，企業領導的用人原則應當是：

①力戒沒有信任的委任。

②力戒沒有責任的委任。

掌握活用權力的道具

授權即放權，是一種用人策略，能夠使權力下移，而使每位下屬感到自己是分擔權力的主體，這樣就會在權力的支配下形成更為有效的凝聚作用和責任力度，但授權往往要遵循一般性的原則，力戒無限制的授權（或者稱之為無度授權）。

(1)力戒授權的無原則性

①授權要體現目的性

首先，授權要以組織的目標爲依據，爲實現組織目標所需的工作設立相應的職權。其次，授權本身要體現明確的目標，只有目標明確的授權，才能使下屬明確自己所承擔的責任。

②要做到權責相應

下屬履行其職責，必須要有相應的權力。責大於權，不利於激發下屬的工作熱情，即使處理職責範圍內的問題也需不斷請示領導，這勢必造成下屬的壓抑。權大於責，又可能會使下屬不恰當地濫用權力，這最終會增加老闆管理和控制的難度。

③授權範圍應正確

作爲一個企業，會有多個部門，各部門都有其相應的權利和義務，老闆授權時，不可交叉委任權力，這樣會導致部門間的相互干涉，甚至會造成內耗，形成不必要的浪費。

(2)力戒授權的方法混雜

領導者授權除遵守一般原則外，還要掌握授權的方法，不同的方法會產生不同的效果。一般地，授權的方法主要有以下幾種：

①充分授權

充分授權是指領導者在向其下屬分派職責的同時，並不明確賦予下屬具體權力，而是讓下屬在本管理者權力許可的範圍內自由發揮其主觀能動性，自己擬定履行職責的行動方案，這樣的授權方式雖然沒有具體授權，但它幾乎等於將領導者的權力大部分下放給其下屬。因此，充分授權方式的最顯著優點是能使下屬在履行職責的工作中，實現自我，並能充分發揮下屬的主觀能動性和創造性。對於領導者而言，也能大大減少許多不必要的工作量。但這種形式，要求授權對象有較強的責任心，業務能力也應較強。

②不充分授權

不充分授權是指領導者對其下屬分派職責同時，賦予其部分許可權。根據所給下屬職權的程度大小，又可以分爲幾種具體情況：讓下屬瞭解情況後，由領導者做最後的決定；讓下屬提出所有可能的行動方案，由領導者最後定擇；讓下屬得出詳細的行動計劃，由領導者審批；讓下屬採取行動前及時報告領導者；下屬採取行動後，將行動的後果報告領導者。不充分授權的形式比較常見，這種授權形式比較靈活，可因人、因事而異採取不同的具體方式，但它要求上下級之間必須事先明確所採取的具體授權方式。

③要會彈性授權

這是綜合使用充分授權和不充分授權兩種形式而成的一種混合的授權方式。它一般是根據工作的內容將下屬履行職責的過程劃分爲若干個階段，在不同的階段採取不同的授權方式，有較強的適應性。當工作條件、內容等發生了變化，領導者可及時調整授權方式以利於工作的順利進行。但使用這一方式，要求上下級雙方要及時協調，加強聯繫。

④掌握制約授權

這種授權形式是指領導者將職責和權力同時分派和委任給不同的幾個下屬，以形成下屬之間相互制約地履行他們的職責。這種授權形式只適用於那些性質重要、容易出現疏漏的工作。但如果過分地制約授權，則會抑制下屬的積極性，不利於提高管理工作的效率。

(3)力戒授權的程序錯亂

在實際工作中，有效的授權往往要依下列程式進行：

①認真選擇授權對象

如前所述，選擇授權對象主要包括兩個方面的內容，一是選擇可以授與或轉移出去的那一部分權力；二是選擇可以接受這些權力的人員。選準授權對象是進行有效授權的基礎。

②獲得準確的回饋

一個老闆授意之後，只有獲得其下屬對授意的準確回饋，才能證實其授意是明確的，並已被下屬理解和接受。這種準確的回饋，往往以下屬對領導授意進行必要複述的形式表現出來。

③放手讓下屬行使權力

既然老闆已把權力授予或轉移給其下屬了，就不應過多地干預，更不能橫加指責。而應該放開手腳，讓下屬大膽地去行使這些權力。

④追蹤檢查

這是實現有效授權的重要環節。要通過必要的追蹤檢查，隨時掌握下屬行使職權的情況，並給予必要的指導，以避免或儘量減少工作中的某些失誤。

掌握以上授權的原則方法和程式，你們領導能力因此更進一步。應該講，一位企業領導要想使權力生效，必須要靠有效授權來完成，否則就是霸權，而霸權只能導致孤立，最終制約企業發展的速度。

在實效上下功夫

有的企業領導者擔心：權力是放下去了，但是收不收得到效果卻不好說。的確，這種擔心不無道理，如果授權無效，還不如自己辛苦點抓住權力不放。因此，放權一定要有效，切記不要搞無效授權！

授權是搞好企業管理的有效方法之一。然而這種授權必須是有效的，大量實踐證明，要實行有效的授權，在授權中就要注意以下幾個問題。

(1)老闆應有明確的授權意識，並積極主動地授權

往往是一方面缺乏授權意識，另一方面也存在不相信下屬員工的現象。他們認爲，既然自己是老闆，就證明自己完全有能力管理好一個企業。須知隨著企業的發展，作爲一個領導者的精力和能力都是有限的，不適當授權給下屬，事事過問，其實是事事都管不好。

(2)要掌握方法

儘管有些企業的老闆們也實行了授權，但是，由於他們沒有正確掌握授權方法，沒有按照授權的基本程序去授權（或是未能選準授權對象；或是授意不明；或是忽視必要的追蹤檢查等），因此，效果並不見佳。可見，實行有效的授權，掌握正確的方法也是十分必要的。

(3)要講求實效

授權只是提高管理效率的一種手段，而不是目的。因此，企業老闆們在實行授權之後，還必須繼續加強對各項工作的全面管理，尤其要加強授權過程中的管理，努力提高授權的有效性，只有這樣，才能達到提高管理效率的目的。

我們在這裡談權力分配與用人法則之間的關係，目的是使企業領導用權有效，同時避免企業領導濫用權力給企業發展帶來打擊，成爲企業領導追逐私欲的手段。對員工而言，沒有權力分配的企業，只能是工作的牢籠；對領導而言，沒有權力制約的企業，只能是欲望的試驗場。

一名能夠眞正理解權力價値的企業領導，肯定會思考這些問題，力戒重犯權力通病，給企業帶來不可估量的損失。我們認爲，這種企業領導應當力戒權欲的自我滿足，而應崇尙權益的企業實績。

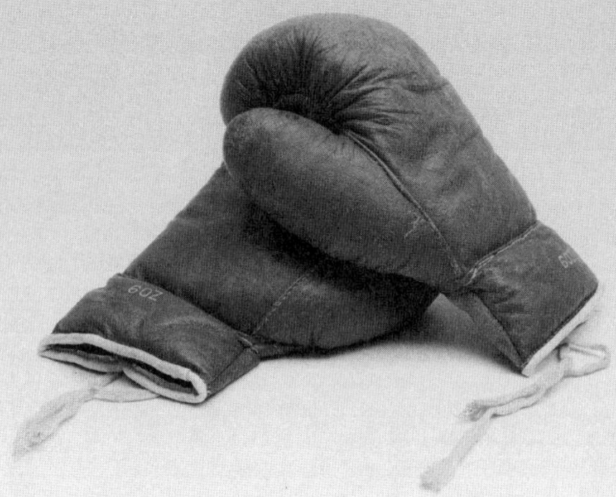

第五招

虛實

獎勵的最大悲哀
是人們對獎勵不再感興趣

現代企業注重經濟效益，同樣企業員工也重視個人效益與企業效益的同步增長問題。拋棄這個問題，任何一個企業都無法進入現代管理的行列，也不具備吸收人才的魅力。

職工的工作動機，不僅受其所得的絕對報酬的影響，而且受到相對報酬的影響。

——美國心理學家S・亞當斯

精神鼓勵不可少

不可否認，精神鼓勵對下屬的確有很大的作用，表揚、讚揚一個人可以使他感到受尊重，對某些人在某些場合往往能產生不可思議的力量！可是，我們不能因此而無限地誇大精神鼓勵的作用，認爲它無所不能，可以使一個矮個子長成高個子，那絕對是荒謬的！

工商社會裡充斥著赤裸裸的物質和金錢，若領導在獎勵下屬時僅用精神鼓勵不用物質激勵不但下屬感到委屈而難以接受，就是頒獎者領導本人大概也會覺得不可思議——就好像一個人在不適當的時候做一件不適當的事！

雖然，即使到了物質充斥、金錢橫溢的今天，精神鼓勵仍不可少，不可缺；但是，我們不能因此對精神鼓勵大唱讚歌，誇大它的作用，畢竟，物質激勵也是不可少的。

物質激勵的原則是：

①獎勵工作卓有成效的員工。
②獎勵工作有創造性的員工。
③把物質激勵當做手段，而不是當做目的。
④把物質激勵作為衡量員工的合理回報。
⑤把物質激勵作為啓動企業內部機制的措施。

⑥切忌唯精神鼓勵的同時，亦切忌唯物質激勵，形成拜金主義。

抓住物質的力量

金錢在社會中具有重要的流通作用，一般來說，金錢的應用是一個人成功的重要部分。聰明的老闆最懂得用看得到、賺得到的金錢來激勵員工工作的積極性。

某公司激勵員工的方法很多，而主要的激勵工具是金錢。公司口號是「我們要找的是尋求發財機會、金錢欲望強的人。」鑒於此，老闆羅斯親自負責甄選每一個推銷員。公司的業務人員不領底薪，領的是傭金，平均每年可得十七萬三千元，其中不乏哈佛商學院的企管碩士。占公司總業績百分之二十以上的頂尖推銷員是一個年僅二十七歲的年輕人，四年前加入該公司，之前他曾當過喜劇演員及魔術師。而另一個頂尖推銷員則曾是診所秘書，還有一個目前仍在經營乾洗店。

羅斯爲了激勵員工的士氣，不時製造一些打賭的機會。

例如，他曾和一個女業務員打賭；如果她連續幾個月都創下六十萬元的業績，就將贏得自己的一部BMW新車。於是這個女業務員勤跑生意，不但贏得了這部車，而且創下了每個月一百五十萬元的好成績，還從羅斯那裡打賭贏得了一隻勞力士手錶和一對鑽石耳環。有了這樣一種金錢激勵的方法，還有誰不會好好工作呢？

「投我以桃，報之以李」

在台灣，很長一段時間企業主管都是向員工按時計酬。論件計酬是從國外傳過來的，目前有一部分企業都已採用，其原理就是金錢激勵。

到現在爲止，論件計酬制是一種很好的激勵員工工作的管理方法，因此，如果你是一個企業的管理人員，請儘量採納這一方法來調動你的下屬。

從前，有一頭毛驢，每次一套上了車，就像老僧人入定，動也不動，任憑主人用皮鞭抽打，它還是寸步不移。驢子的主人為這頭既笨又懶的驢子傷透了腦筋，想不出任何辦法讓它走動。後來主人的小孩，把一個胡蘿蔔吊在驢子前面，引誘他去吃這個胡蘿蔔，結果這頭毛驢為吃那個胡蘿蔔，引頸前驅，快步向前走去。

相信許多管理者有這樣的經驗：某一系列的生產單位使用一百人支付月薪的方式，每月生產一百件製品；後來改變爲論件計酬，工人爲了追求更多的報酬，莫不發揮潛力盡力以赴，於是人員由一百人減至五十人，生產量卻由一百件增爲二百件。

領導在用人過程中應切記調動下屬的積極性，不以地位論功績。這是因爲地位一般是依據人的能力與特長來安排的，功績則應依據各人在不同地位上的努力程度和實際效果來評定。地位高的人所完成的工作，一般比地位低的人要大，但那是他職務上的本份若不是特別出眾，是沒有必要褒獎的。「酬勞就在薪金之中」，正說明了用人過程中論功行賞，論勞分配的公平原則。

論件計酬再形象不過地說明了物質激勵的重要作用。

報酬就是報答

報酬魅力，體現的就是金錢魅力。高明的管理者懂得什麼時候怎樣和下屬談勞動報酬，**他們對於優秀的下屬總是採用下列方法調動他們的積極性：**

①合理給與獎勵和報酬。

②預先告訴雇員應得的各種報酬。

③提供各種刺激。

④根據雇員業務水平和工作業績給與報酬。

⑤在勞動力不斷發生變化的情況下，採用靈活的報酬制度。

高明的企業領導人懂得對企業的功臣及時採取物質獎勵的方法，因爲這一手段可以調

動整個企業人的積極，讓每個職工爲爭取它而努力工作：

①獎勵具體的解決方案，而非只圖迅速了事者。因為有的人為求取短期效益，看起來是迅速了事，實則犧牲了長期利益；
②獎勵冒險者而強調迴避風險。
③獎勵創新而非一味墨守成規。
④獎勵果斷而非猶豫不決。
⑤獎勵工作結果而非工作時間。
⑥獎勵精簡而非無謂的複雜化。
⑦獎勵多做少說而非說的多做的少。
⑧獎勵品質而非速度。因為品質、目標比加快速度和降低成本更重要。
⑨獎勵忠於職守而非見異思遷。應在升遷、訓練、發展、待遇、及工作安定性等方面增加職工的忠誠度。

成功的管理者必須適時地從上述各方面對部屬進行物質獎勵。

功勞宜賞，不吝千金

俗話說得好：「重賞之下，必有勇夫」。所謂「無功不受祿」、「無利不起早」，講的就是論功行賞的道理。獎賞之法作爲用人之法，不可不用之。

東漢末，曹操每攻城破邑，得靡麗之物，則悉以賞有功者，若勳勞宜賞，則不吝千金；無功妄施，分毫不與，故能每戰必勝。獎賞法則言而有信，賞而必果。現代社會中，獎賞的情況有所改變，不再僅靠作戰之勇，而要靠冒險的膽略和與眾不同的智慧，另外，賞與罰是一對矛盾和槓桿，要善於利用。

現代心理學家指出，獎賞別人要有原則，具有正確獎賞指導對人們有所引導，**成功的管理者必須適時地從下列幾方面對部屬進行獎勵：**

(1)重賞放權

下屬喜歡做了成績之後，得到上司的肯定，當然也希望能夠得到獎賞，因爲獎賞是對他的個人工作的充分肯定。假如他再能適時承擔上司下放的一些權力，就更加珍愛這份權力，而孜孜不倦地工作。

(2)委予重任

有一位經理，要調部下到窮鄉僻壤的分店，他的說服秘訣是：他首先強調鄉下營業處經營情況非常糟糕。再很嚴肅地說：「這樣下去，遲早會完蛋！我要及時挽救，但這不是任何人都能有辦法去力挽狂瀾的。我考慮了很久，只有你才具有如此大的魄力！」結論是：你最適合！

實質上，這是一次「降調」，本來是不愉快的事情，此刻部下卻充滿幹勁，高高興興地去做，從未發生糾紛，這是由於調動了部下的使命感，從面提高了他們的心理承受力。

(3)用人不疑

用人就要不去懷疑他的能力，懷疑他的能力就不必任用他了。有這樣一個例子：肩負重任的年輕軍官在執行任務時一敗塗地。但出乎所有人包括他自己的意料，上校又給了他一項同樣重要的任務。這一次，他卻英勇地完成了任務，且因功得獎。別人向他道賀時，他幾乎生氣地喊道：「我還有別的選擇嗎？我辜負了他，而他卻仍然信任我。」看來，信任別人和回報別人的信任，都需求眞正的勇氣。

滿足人性需求

精神鼓勵和物質激勵，各有各的用處，也各有各的局限，分開使用效果不佳，最好是兩者結合，雙管齊下。在五〇年代，美國一位名叫亞伯拉罕・馬斯洛的社會科學家發明了一種理論，定名爲「需求層次」，說明所有誘因相互之間的關係。

根據馬斯洛的說法，我們是由各種人性需求引發動機的。這些需求可分成很多層次。

當一種需求滿足以後，這項誘因對一個人再也不構成刺激時，他會追求另一個層次的需求。

馬斯洛的第一層次需求包括生理上的需求，諸如食欲、性欲等等。一旦最基本的生理上的需求滿足以後，他會追求第二層次的需求，就是安全或保障的需求。這裡面就包括有薪金、福利和工作安全等等。接下來是社交需求，這種層次是屬於社會或群居的需求。在這些滿足以後，他就會追求價值層次：尊敬和肯定。在馬斯洛所分的層次中，自我實現是最高層次，那就是你可以隨心所欲成爲自己所想要成爲的人。

馬斯洛這項「需求層次論」對我們非常有用，因爲它解釋了爲什麼高薪、福利好和工作保障也許並不如其他誘因來得重要，讓我們舉個例子來說明。

有一家公司每年都作薪金調整。每年加薪金以這個人的工作成績為準：成績最好的可以增加百分之二十的薪水，再加上生活補助費；一般成績的員工每年也會調薪，只是百分比低一點；有些成績特別差的就得不到調薪。

有一年，這家公司的營運情況很糟，公司必須凍結薪金。但它凍結的只是高級人員的薪金。按照過去一年的工作成績，以一個計算公式來分配特定數目的一筆錢。最後是：成績最好的年薪十五萬元的主管，那年只增加了幾千元薪水！但是，這點加薪也是極其強烈的誘因，因為這表示他高度的成就，並不是每個人都能夠得到的。

我們通常所說的人性，指的就是這種雙重需要和雙重滿足。任何獎勵都是爲了提高企業效益服務的，表明了企業領導對員工工作的價値肯定。毫無疑問，沒有精神鼓勵，物質激勵就可能成爲員工追逐的惟一目的；同樣，沒有物質激勵，精神鼓勵就可能變成員工虛無的目標。提高企業內部的競爭機制的最佳方法是：合理地兼具精神鼓勵與物質激勵兩種手段，該獎就獎，果敢出手，增加動力，提高信譽。相反，如果企業領導不善於運用這種啓動企業內部競爭的方法，一方面會使企業變得死氣沈沈，缺乏生機；另一方面會使企業人才流失，造成損失。因此，企業一定領導要在精神鼓勵和物質激勵方面落實「互惠互利」的現代用人觀念，力戒空手出擊，紙上談兵。

第六招

潛力

在沒有發揮的潛力中
存在著巨大的浪費

用人不拘一格的領導，能最大限度地發揮每個人的才幹，並能讓每個下屬都得到充分地發揮，享受到「伯樂識我」的快樂和喜悅。

如果一個人有百分之百的能力，而只給他百分之八十的工作量，他的能力將退化；如果一個人有百分之百的能力，而只給他百分之百的工作量，他的能力不會提高；如果一個人有百分之八十的能力，而給他百分之百的工作量，則他的能力將有突破性提高。

——日本東芝電器公司

不拘一格用人才

要做到求才若渴，必定要視野開闊，廣泛察人、選人、用人。證明一個領導會用人的表現，就是他用人不拘一格，千變萬化，因人而用。

事實上，拘於一格，不敢大膽用人、靈活用人的領導比比皆是。他們的做法，往往使得人才無法冒尖、無法盡其所能，間接地使企業失去生機，失去競爭力。要想避免失敗，避免成爲企業衰退的罪人，領導必須放棄保守的觀念，大膽用人、靈活用人、不拘一格地用人。

①人才從來都是培養而成的，應當放手任用，使之衝上雲霄，戰風鬥雨。

②辦事情完全在於任用人才，而任用人才全在於衝破原有的格局。

③用人的原則，應當從一個人壯年精力旺盛的時候就使用他。如果拘泥於資格，那麼一個人往往要到昏亂糊塗的老年才會得到重用。

④對立功者不要尋求其細小的毛病，對忠心者不要找其細微的過錯。

⑤提升的快慢，不要僅憑一個依據。若其才能可以任用，就要越級提拔。

用人的成功，在很大程度上取決於領導者是否樹立了鼓勵冒尖的良好風氣。最先脫穎而出的冒尖人才，究竟得到一個怎樣的結局，這是造成了一個人人爭當先進的良性競爭的關鍵。提拔優秀人才具體的方法可採用：

(1)及時起用，不可拖延

及時起用成績突出的冒尖天才，提拔到關鍵性的工作崗位，造成既成事實，使熱衷於造謠中傷的小人企圖落空，只得偃旗息鼓，草草收兵。

(2)大膽使用，不可怯弱

有膽識的領導者要及時對天才加以最有力的鼓勵和支援，選擇一個適當的場合，向全體職工宣傳天才的作用。

(3)鼓勵使用，避免塌陷

對於少數躲在人群裡散佈流言蜚語的下屬，只要一經發現，就應該不留情面，立即嚴肅的糾舉，迫使他中止對先進人物的污陷攻訐行爲。

(4)獎勵使用，避免混雜

在精神上和物質上給天才以適度的鼓勵，不僅有利於鼓舞少數天才的鬥志，激勵他們更快地成長，而且也在公眾面前樹立起一批具有說服力和示範作用的榜樣。

身爲領導，要想成功，非這樣不成！因此，所謂「不拘一格」的關鍵是要企業領導衝破陳舊觀念條條框框融入現代企業「寓雜多於統一」的最高用人原則，力戒排斥異己、唯親是用，而應該以企業利益爲重，因事設人，因才而用。

用人要合己意

初看起來，「用人適己」似乎是狹隘的用人觀念，但是企業領導堅持「用人適己」的用人觀念，並不是自私自利，或以自我爲中心盲目用人，而是根據企業的切身利益和特徵，尋找和制定適合企業發展的用人戰略，從中精選出吻合企業所需的大量人才，並不等於用人以私。爲了理解用人適己，不妨先討論一下**用人以私的十大現象：**

①明升暗降，從對手手中巧妙地奪取實權。
②以鄰為壑，向領導轉嫁困難和災禍。
③各個擊破，分期分批撤換對手的官職。
④聲東擊西，假意威脅某甲的官位，實則奪取某乙的官位。
⑤混水摸魚，乘混亂時機擴充自己的勢力。
⑥以逸待勞，自己養精蓄銳，待對手疲憊不堪、元氣大傷再整倒對方。
⑦收買人心，用不正當手段騙取大家的信任。
⑧以怨報德，借助恩人的力量發跡，然後再整倒恩人。
⑨以利誘人，用不正當手段拉攏腐蝕仇人，誘騙他為自己效勞。
⑩為所欲為，不擇手段地達到自我欲望的滿足。

與用人以私相反，**「用人適己」則要做到：**

①企業現在最需要什麼樣的人。

②企業將來急需哪些人力資源。

③現有哪些人才能夠勝任企業急待解決問題。

④應當怎樣把某個下屬安排或更換到適合其才智的工作崗位上。

⑤應當解除哪些不適合企業發展進程和策略的「多餘人」。

心中要有一把尺

用人持之以公正，是企業領導博大胸懷的體現。這種精神往往在現實中遭到破壞，以至於用人以私成為滿足個人私利的手段。因此，有必要重新討論「用人以公」的問題，力戒用人的自私和貪欲。所謂用人以公，與用人適己並不矛盾，它們動機一樣，只是做法不同，是指使用人才時應當以企業整體目標或多數人的心願及利益為目的。

①用人不一定非得出於自己門下，而要從實際需要出發選拔、任用人才。

②對內不偏袒親屬，對外不可以埋沒關係疏遠的人。

③不把職位當人情私自送人。

④按照職位要求選擇人才，因位設人，而不能因人設位。
⑤用人不應出於私心而損害集體的利益。
⑥和自己意見相同的人未必可用，和自己意見不同的人也未必可小看。
⑦任用人才出於私心，重用私人，那麼不親近、沒有私人關係的人就會怨恨，使用人才有妒嫉心、懷疑心，那麼人才就不能安心工作。
⑧能使用跟自己關係並不密切的人，這才能成就大事。
⑨不要用有才能卻用來辦私事、謀私利的人。

只有用人以公，下屬才能有一種平衡感，才能有一種希望，才能有一種苦幹精神。領導所制定的計劃和策略才能讓下屬一絲不苟地去完成。否則，下屬就會在企業領導「私欲」的支配下，成爲工作機器。看樣子，「用人以公」客觀上能夠激發下屬的集體意識和群體力量，因爲公正本身是檢驗的最高標準。

信譽就是信用卡

「信」是一種忠實的品質。用人以信，才能不讓下屬產生怨恨，也才能讓下屬心甘情願地爲自己效力。所謂用人以信，就是對人以信任的態度加以運用。

①授人職權，就是不要隨意剝奪；任人以事，就不要亂出主意去干涉。
②任用人的基本道理，關鍵在於不濫生懷疑。
③用人寧可選擇的時候慎重，不能任用後而不信任。
④領導用人要有寬大的胸懷，自然才有下屬歸服他。
⑤合格的人才常來自長年擔任一個部門的職務的人。
⑥天下不愁沒有有才能的人，而害怕有才之人得不到信任委用。
⑦用人就是任用他必須專一，信任他必須堅定，這樣才能發揮他的才能。

用人以信，領導者必須做到言行一致，一諾千金，說到做到。一個講信用的領導，在下屬面前威信不樹自立！

誠招天下心

「誠招天下」是廣告術語，說明用人以誠的非常意義。領導用人以誠，要做到推己及彼，將心比心，己所不欲，勿施於人。還是那句話：「誠招天下心」。

所謂用人以誠，就是在用人過程中以誠相待。

①駕馭人才的辦法，最重要的是推誠相見，不玩弄權術；

②使用人而不能信任人，這與不使用沒有兩樣；
③任用別人要像任用自己那樣瞭解、愛惜；
④任用人才不誠，那麼讒言就會出現，人就會產生異心，選拔人才的路不寬，那麼人才進用的正常途徑就會堵塞，而優秀人才就會被埋沒委屈；
⑤使用人才，不要對他所做的每一件事情都懷疑，否則就是沒有誠意；
⑥危險莫過於用人而又懷疑人；
⑦不信任就不要任用，任用了就不要對之冷淡；
⑧懷疑就不要任用，任用了就不要懷疑。

領導在下屬面前做到以誠相待，下屬也會交出自己的心；所謂「拿我心換你心」，就是這個意思。

變招的力量是無窮的

「術」有變術、詭術、技術，但用人是一門藝術，不能簡單應付，作為領導必須掌握用人的技巧，做到用人以術。所謂用人以術，就是用巧妙的方法來管理人。

①用人應用忠誠的下屬，如果下屬處處犯難，怎麼能順利地開展工作？

②企業有刁鑽之人，那麼好人就不會來到；手下有妒嫉的下屬，那麼賢能之才就會離去。

③千里之外去聘請賢人，路途是遙遠的；而招引奸佞之徒，路途卻是近便的。所以，高明的老闆寧願捨近求遠。

④老闆若事先周密地確定了用人、瞭解人的方略，在管理中施用其謀略而不露形跡，那麼，用人的藝術就可以不斷提高。

⑤企業內廣開賢路，察訪賢者而任用，使其位尊，再給以優厚的待遇，使他的名聲顯露。因此，天下的人才就會競相而至。

⑥身邊的人才，使用就會出現，不用就會埋沒。

⑦做老闆的方法，務必收攬那些傑出人物的心，重獎有功的人才，使自己的意志成為眾人的意志。

用人以術，妙用無窮，哪裡是上面七條技巧所能概括的。尤其是在商業競爭非常強烈的現代市場，用人以術往往能夠製造獲勝的「秘密武器」，因此，用人以術是企業領導智慧的體現，是考驗他們「獨具慧眼」的表現。

留個心眼會有用

用人以心機，並不是教你和下屬勾心鬥角、爾虞我詐，而是指用人之處的獨特性和創造性。**有時候用人並不需要明確的命令，而可以通過心機暗示來達到目的。主要方式有：**

①沈默是一種技巧和智慧。它體現了深沈、縝密、心機……

②人們都願意說自己只受理智的支配，其實，整個世界都被感情所掌握。明白了這一點，就掌握了控制權的鎖匙。

③一個極平常的動作，一個面部表情，一個語調，都在向他人傳達你心中的思考。如果你樂觀、自信，向他人表示你的尊敬和體貼，人際關係就會順利融洽，從而開闢美好的人生。

④移位是種高級謀略，不動聲色的轉移對手敵對情緒，消除積鬱的憤怒。

⑤公了只能激化矛盾，鑄成無以補救的大錯，私了就是無可非議的選擇。

⑥如果與他人理智地對話，他們的思考會受到刺激；如果訴諸於他人的感情，他們的言行才會受到刺激。

⑦宣泄，是內心情緒的一種自然流露，能使人的心理達到平衡。

⑧人，都有各種各樣的事情。要處理好人際關係，應該從理解對方開始。人都渴望來自他人的理解。

⑨要打動對方的心，推動對方行動，需要有效的溝通。

⑩察明對手背後的指揮人物，並抓住對方的底細。
⑪深藏玄機出其不意，命中要害，操縱人心。
⑫用智慧對付他人，而不是愚笨地表達自己的淺見。
⑬如果你真正關心一位失敗者的話，你就救了他的性命，他就有可能報答你。
⑭善於通過眼睛觀察，而不是通過手腳辦事。
⑮該說的可以不說，不該說的不說。
⑯可以做的，先不說；先說的，可以不做。
⑰總是把對手置於警戒線中加以審視。

用人以心機，則無往而不利。尤其在知識經濟的時代裡，沒有獨特性的和創造性的用人，只能導致企業人氣貧乏。

在這裡，用人要不拘一格不只是口頭語錄，更應是實際用人原則的體現。如果企業領導違背這條原則，而拘泥於舊法，只能使企業跟不上競爭的步伐，走上自我約束的陷阱。因此，企業領導應當力戒用「舊瓶裝新酒」的辦法，去面對人才市場的競爭，而應脫胎換骨，不拘一格，擁享人才。金錢可以過剩，但是人才絕不能過剩。因此，所謂「不拘一格降人才」是對企業領導用人觀念的一種眞正挑戰，極具實用性。

第七招

分享

事成之後讓人說：
「事是我們自己做的」

遇上一個喜歡霸佔下屬功勞的上司，下屬除了大嘆倒霉之外，剩下的選擇就是走人。喜歡獨占功勞的上司不是好大喜功，就是強盜心態。

可能的話，你要比別人更賢明有用，但最好不要讓別人察覺到你比他有作為。

——英國政治家、思想家柴斯特菲爾德

獨一無二害自己

主管向上邀功，想得到更上一級主管的褒獎，這種行爲和動機誰都可以理解。但前提必須是，主管所邀的功勞實實在在是他本人的，不是他瞞著下屬或者從下屬哪裡強搶硬奪來的。否則，這樣的主管會令人不齒。

可是，事實上有一部分主管正是這麼做的。每次做出什麼成績，在向上邀功的時候，他們都會把下屬撇在一邊，好像成績都是他一個人做出來的，跟下屬沒有一點關係。高明的上級，對此自然會產生懷疑；但大多數還是接受了這個解釋。結果造成主管和下屬一起做出來的成績，卻讓主管一個人獨佔功勞——這樣的結果，換了你是下屬你會不會生氣？

從某種意義上說，主管的這種行爲，與強人所難無異，令人不齒！換句話講，這樣長期下去，主管本人也會身敗名裂，眞是獨一無二害自己。

不可抹殺下屬的努力

作爲企業主管或老闆，如果做出搶奪下屬功勞的行爲，絕對是令人無法容忍的，因爲這等於抹殺了下屬爲此做出的全部努力，讓他們付出的時間、精力和心血白流！

一些精明幹練的主管，他們共同的缺點，就是喜歡打頭陣、作指揮。他們不易相信部屬的能力，已派給部屬任務，自己卻更加倍地在做著。因此，他們對部屬的要求相當嚴厲，絲毫不具同情心，有時部屬要休假，就會表現出極端的不悅。當然，他對工作是相當賣力，而且負起全責，因此，每一個細微的部分，他都要插上一手，在上司面前，也從不錯過任何表現機會。

像這種情形，難免會產生一個結果，那就是將部屬的功勞佔爲己有。

某公司的物流組長甲，就是這樣的一個人。這人很民主，常會聽取部屬的意見：「這看法不錯，你將它寫下來，這星期內提出來給我。」部屬們聽了這話會很高興，踴躍地作各種企劃，大家爭著提供意見，當然，其中的大部分，也都為組長所採用了。然而，每一次發表考績，這一切卻都歸功於組長一人。一年後，甲就完全為部屬所叛離了。

甲感到很迷惑，不瞭解部屬叛離的原因，心想：「是他們的構想枯竭了嗎？那麼再換些新人進來吧！」於是和其他部門交涉，調換了幾個新人。

一進來，甲就向他們作了一個要求：「我們物流組，傳統上是要發揮分工合作的精神，希望大家能夠同心協力，提高物流組的業績。」然而，並無人加以理會，他們心想：「物流組的功績，最後都總歸於你一個人，你老是搶別人的功勞，一個人討好上司。」

像這樣，將自己部門內的工作，完全歸功於自己，是作爲一個主管很容易犯的毛病。

任何工作，絕不可能始終靠一個人去完成，即使是一些微不足道的協助，也要表現由衷的感激，絕不可抹殺部屬的努力。做一個主管，這是絕對要牢記的。

別把妒嫉寫在臉上

妒嫉比自己高明的人，或許是人的本性；但是作爲領導，卻絕不允許妒嫉自己的下屬和同事。即使是妒嫉，也不要把妒嫉擺在臉上，而要藏在心裡，別讓下屬看見，否則會讓人瞧不起。

同事間可能存在著明爭暗鬥的現象，患得患失的心理也特別容易傷害到彼此平穩的情緒，影響工作的效率。所以，我要提醒讀者，不要讓憂慮、妒忌的心理呑噬了你應得的獎賞！

讓我們來聽一段甲乙兩位同事間的對話：

「喂！公司裡那位李先生……是！就是那個喜歡讚賞別人的李先生。欸！他倒是蠻能廣結人緣的，是不是？」

「嗯！可是那位李先生的大學同學王先生，人家可是學校裡頂尖的鋒頭人物，功課好、家世好，對校外的各項比賽成績更是令人刮目相看，你不知道，他可真是一表人才哪！」

「不！李先生容易往來，親切多了……」

「我們比較欣賞王先生！他一向提拔我們這些後輩。

陳小姐就是個好例子。從大處著眼，王先生才是眞正能照顧後輩的！」

如果這樣的對話傳入王先生、李先生的耳朵裡，他們二人豈不是僵化了同事間的和氣嗎？這就是妒忌心在作祟所引起的競爭意識呀！

聰明人是不會被這種妒忌心理中傷的，即使不甚開心，也不至於愚昧到將它表現在臉上！以長遠的打算來看，萬一你對你的競爭對象面露難色，或者處處與他過不去，你將來勢必無法容納各種有才華的人，你的部屬也不會服從你的領導，衝突、難關將重重包圍著你。想想看，不値得呀！

一個白領階層的職員，在主管尙未發表意見之前，就應洞察先機，這是作爲主管人才的基礎本領。可是，若將這先見之明運用在同事間彼此猜疑、妒忌的心理上，那麼今天張三調薪，明天李四升遷，這樣憂心惶惶不可終日，還能站穩自己的腳根嗎？

莫管李四與上司攀上了什麼交情，一旦你爲此而表露不滿，你的評語將會一落千丈。而且，不要只是瞻前而忘了顧後，在你的周遭，許多的口碑都是上司作爲是否升遷你的重要參考資料。

貪心是一面黑旗

「紅旗」代表勝利，「白旗」代表失敗，「黑旗」呢？「黑旗」代表貪心。搶奪下屬功勞的領導，無論出於何種動機和目的，都絕對不可原諒！

與客戶簽訂了一紙重要的合約、開發了新的銷售網路、對於新素材的開發提供了很好的意見，如果你的部屬立了上述的功勞，你應該不吝惜地誇獎他，甚至爲他舉辦慶功宴。千萬不要板著臉一言不發，嫉妒部屬比自己更引人注目。

有人天生不擅長誇獎他人或被別人誇獎，甚至認爲讚美別人是件不好意思、太見外，而且麻煩的事。所以，他們對此並不在意。另外，還有不知該說什麼來讚揚對方的人。當部屬因爲達成任務而志得意滿時，你卻輕描淡寫地盡說些不得體的話，使部屬覺得被潑冷水。或許你並無惡意，只是在激勵部屬，然而，聽話者必定會覺得不受重視，而感到不愉快。

最令人無法原諒的就是企圖掠奪部屬功勞的上司。然而這種上司爲數甚多。他一見部屬立了功，便急忙地向自己的上司邀功：「我科裡的王某得到了這樣的成果，完全是出自我的指導。」

對他而言，話的後半部才是重點。如果部屬的成功是經由其他途徑傳入上司的耳裡，就無法得到好處。因此，爲了強調部屬的成功是由於自己指導有方，他必須比別人快一步。這類型的領導平時就在公司各個角落裡搜集情報。這種上司很少外出或出差，他會儘量留在公司，並且竊聽他人的電話與注意他人的動靜。

如果你企圖掠奪屬下的功勞，那麼你就必須如法炮製。不過，你最好避免上述的卑鄙行爲。

如果你想邀功，你就必須付出比部下多三倍的努力。光是扮演居中介紹的角色，並不算有功勞。介紹之後的指導、服務你也必須與屬下共同完成以期獲得佳績。一旦有所收穫，而你有七分功勞，部屬只有三分時，你才有資格說：「我也有功勞！」

那時即使你不提及，周圍的人也會認同你。上司比部屬更加勤奮地工作是理所當然的。不費一絲心力卻企圖享受成果的行爲和小偷並無兩樣。只不過，在下屬眼中你是一個「光明正大」且厚顏無恥的小偷而已！你甚至連那些眞正的小偷都不如！

不奪功才能成功

一個喜歡搶奪下屬功勞的領導者是不可能成功的，他得到了近利，卻忽視了遠利。反之，一個不奪下屬功勞的領導，才有可能成功。

對於主管，不濫奪下屬功勞，似乎很難辦得到。「他的工作有成果，不是我從旁協助的嗎？」「這項工作由計劃到指派，都是我的主意。」主管們都認爲下屬的表現良好，全是自己的功勞。

下屬的表現突出，上司有一定的功勞，應屬無可厚非的事。但是經常將好的成績據爲己有，差勁的，就由下屬自己去承擔，這是最不得人心的上司。

要令下屬甘心辛勞地工作，就要懂得將功勞歸於他們，否則實難令人專心投入於工作。下屬的心裡想：「我做得多麼好，也只是你的功勞，讓你在高層會議中出風頭，我的待遇則不變，犯不著呀！」已有了這種心態，做事就得過且過，所謂「不求有功，但求無過」，就是在沒有功可拿的情況下出現的。

有時候，雖然下屬的成績並不見得突出，但卻瞭解他們實在盡了力，也應嘉獎他們。例如在上級面前說好話，甚至適當時間讓一些下屬參與較高層的會議。

單靠業績來評下屬的優劣，猶如管中窺豹，不夠全面。主管應從不同的角度，用長遠的目光來看下屬的表現。無論他們所完成的事，屬於重要抑或次要，也應給與一定的稱讚，例如「我沒選錯人」、「你又一次成功了」、「是你的功勞」等等，下屬才會有成就感，和繼續努力工作的意欲。

不奪功才能成功，好比用遠利換近利，作爲領導者，何樂而不爲？

與下屬分享成功

假如主管是個喜歡獨佔功勞的人，相信他的下屬也不會怎樣爲他賣力。反之，如果主管能樂於和下屬分享成功的榮耀，下屬做事也分外賣力，希望下次也一樣成功。

人人做事都希望被人肯定，即使工作未必成功，但始終是賣了力，也不希望被人忽視。一個人的工作得不到肯定，是在打擊他的自信心，所以作爲主管，切勿忽視員工參與的價值。

例如：在某大公司的年終晚會中，老闆刻意表揚兩組營業成績較佳的員工，並邀請他們的主管上臺。第一位主管，好像早有準備似的，一上臺便滔滔不絕地暢談他的經營方法和管理哲學。不斷向台下暗示自己在年內為公司所做出的貢獻，令台下的老闆及他自己的員工，聽了滿不是味兒。而第二位主管，一上臺便多謝自己的下屬，並慶幸自己有一班如此拼搏的下屬，最後還一一邀請他們上臺接受大家的掌聲。當地臺上、台下的反應如何不言而喻。

像第一位主管那種獨佔功勞的人，不單令下屬不滿，老闆也不喜歡常自誇功績的主管。反而第二位主管能與下屬分享成果，令下屬感到受尊重，日後有機會自會拼搏。

其實功勞歸誰老闆最清楚，不是你喜不喜歡與他人分享的問題。你希望自己像第一個主管那樣，還是像第二個主管那樣？答案就在你心中。

把功勞讓給下屬

一個高明的領導者，不但會與下屬一起分享功勞，有時還會故意把本屬於自己的那份功勞讓給下屬。

試問：從此以後，還有哪個下屬不肯全心全意替他賣命？

身為上司有必要將自己的功勞讓與部屬。或許你會認為這樣損失太大而不願意。但若本身實力雄厚，足以建功立業，即使想吃虧也是不可能的。

某一民族視富有者施惠予貧窮者乃天經地義之事。不僅如此，據說施惠的富有者還必須感謝受惠的貧困者：「因為你才使我有機會做善事。」、「我之所以能夠『施惠』是托您的福。謝謝！」

在宗教上，他們深信此「施惠」的行為可以得到神的庇佑。因此，施惠者必須對給予自己機會的人——貧困者，抱持感謝之心。施惠者有時亦會被對方要求道謝：「因為我，你才能獲得幸運，所以你必須謝謝我。」此民族的想法不太容易被我們接受，不過，仔細思考之後，你會發現這並非毫無道理。雖然在層次上有些微的差異，但是上司和部屬之間不也存在著類似的關係嗎？

當你將功勞讓給部屬時，切勿要求屬下報恩，或者擺出威風凜凜的態度。因爲部屬可能會因此而鬧彆扭、發脾氣，甚至感到自尊心受損，進而採取反抗的行動。你應該心甘情願地把功勞讓給屬下，並且對其表達感謝之意。換言之，你該換個角度想，由於你身在一個可以使你「施惠」的公司，並且擁有值得你「相讓」的部屬，才能讓你嘗到了滿足的滋味，這一切都是值得感恩的。

如果你能持有這種心態，相信你所得到的喜悅將是不可限量。而在如此充滿和諧氣氛的公司裡，上司與部屬也絕不會發生摩擦。

把功勞讓給下屬不過是小恩小惠，但就是這點滴水之恩，卻可以令下屬以湧泉相報。孰得孰失，人人自明。與此同時，有必要領導也可以把過錯一個人攬下來。

公正是一座秤

公正是衡量人心的一座秤。

妒嫉型的領導在下屬面前一定要保持公正，只有這樣才能不讓下屬看出你的本質所在。尤其在激勵下屬的時候，你更要以身作則。更何況不激勵還眞的不行。

既然不激勵不行，那麼實施激勵就是了。不過，事實上沒有那麼簡單。因爲實施激勵，難免有一些規定，然後配合獎懲，以資增強。

有了激勵，大家忍不住要明爭暗鬥。激勵的氣氛愈濃厚，明爭暗鬥的較勁愈劇烈。大家愈重視結果，不公平的感覺就愈明顯。幾乎所有激勵措施，最後都淹沒在不平的浪潮下，變得有氣無力，漸至效果不彰。

激勵的用意，原本在改善組織的氣氛，使成員互相瞭解，保持穩定的工作步伐。彼此協調，在合作中創造良好的績效。然而，不平則鳴，可能導致成員互相猜忌，甚至怨聲載道，伺機破壞生產的計劃，反而得不償失。

得不到獎賞的人，大多有不平之感。任何激勵措施，不可能不分等級一律給予同樣的獎賞，因爲通通有獎固然皆大歡喜，卻也喪失了激勵的預期效果。一旦分等級給予不同的獎賞，馬上引起大家不平的感覺，於是造謠生事，弄得人心不愉快，情緒不穩定，產生很大的反效果。

得到獎賞的人，畢竟是少數。他們認爲獎賞是自己努力的報償，心裡不感激。得不到獎賞的人，可能居多數，他們認爲遭受不公平的待遇，心裡不服氣。這些反應，往往抵消了激勵的功能，不可不愼。

激勵不好，不激勵也不好，這是兩難。人性既不像X理論所描述的「天生懶惰，討厭工作」，也不像Y理論所寄望的「經過適當激勵，人人均能自我領導，並且具有創造性」。

人性可塑，但是有其限制。不激勵不足以調適員工的行爲，而激勵也無法完全改變員工的行爲。特別是不平的心理，更是激勵的一大阻礙。

最好的辦法，便是根本改變公平的觀念。管理者坦誠說明「我只能夠公正，卻很難保證公平」，因爲管理者自己強調公平，員工就會用不公平來批評他。得到獎賞不感激，未得獎賞不服氣，完全是管理者認爲自己公平所招致的惡果。公正未必公平，是解開兩難的觀念突破。

激勵不可過分，以免「慣壞」了員工，無以爲繼；或者「鼓脹」了員工，造成長期疲憊。激勵應該合理，目的在有效調適員工的行爲。

一般來說，激勵是爲了改變員工的行爲。我們對於人的行爲能否改變，實在存疑。一個人幼年時期所養成的行爲，常常會伴隨一生，到老都難改變。激勵大概只能調適人的行爲，使其符合預期的目標。調適和改變的差異，是多少的不同，就是不存心完全改變他，僅希望其稍做調整。

激勵下屬時保持公正是改變你的妒賢嫉能形象的最好辦法，一試便知。

第八招

寬和

忙於尋找否定的東西
勢必看不到肯定的東西

愛挑下屬缺點的領導者應該認真讀讀心理學，了解一下他那些老是被挑缺點的下屬會有什麼反應？如此一來或許他會少挑一些下屬的缺點。在下屬的眼中，覺得這種有一雙「火眼金睛」的上司是最可怕的。

調動雇員積極性的最好辦法是讓他們清楚自己所處的地位，讓他們感到自己是工作的主人，而且有人支持他要做的工作。

——法國金融家埃爾文．哈里斯

切忌吹毛求疵

有一類專門挑下屬缺點和錯誤的上司，又可稱之爲吹毛求疵的上司，他們自己未必十全十美，卻要求屬下十全十美。他們似乎有一種用下屬的缺點和錯誤來證明自己的眼光的心理習慣，或者在挑剔下屬的錯誤中得到權力的滿足，他們之中有的全部樂趣似乎就在不斷地找到下屬缺點的過程中。這一類的上司，絕對不正常！

「金無足赤，人無完人」。十全十美的人在現實生活中是很難找到的，一般說來，識人之短容易，識人之長、能說人好話並非易事。作爲領導者，就是要以求賢若渴的態度，對人才從大處著眼，從長處著眼，看人的本質、主流。松下幸之助說：「用人就是要用他的勇敢，必須盡量發掘部屬的優點。當然，發現了缺點之後，也應該馬上糾正，以七分心血去發掘優點，用三分心思去挑剔缺點，就可以達到善用人才的目的。」

用人避其短。如果讓諸葛亮這個長於運籌帷幄、具有遠見卓識和氣魄的人去做決勝千里之外的將士，跨馬揚刀，衝突於敵陣之中，顯然是不可思議的。因爲諸葛亮的專長就是出謀劃策，而上陣殺敵只能是張、關、劉之輩所爲。相反若把趙、關、劉三人放在諸葛亮的位置上，同樣是用人非用其長。

現代社會，專業分工日趨複雜，不要說古代的「通才」早已不存在。就是在某一領域也難以找到一位「萬事通」，因此，對領導來說，最好的辦法就是人盡其才，這就要求領導能夠對人才避短用長。

歷史上那些明君賢臣和具有卓識遠見之士，用人時都非常強調看主流、觀本質，而不計較某方面的「過失」，這樣就聚集了一大批各具特長的人在他們的身邊，爲他們事業的成功奠定了堅實的基礎。

一個高明的領導，不但不會挑下屬的缺點和錯誤，反而經常把下屬的優點挑出來給別的下屬看。

諷刺挖苦是根針

每個人都會犯錯誤，犯錯誤的下屬希望得到的是領導的諒解和鼓勵，而不是諷刺和挖苦！諷刺挖苦是根針！

有些主管看到部屬因工作不順利而志氣消沈時，曾半帶揶揄地說：

「為何這樣頹喪，失戀了嗎？」

「像你這麼優秀的人，怎麼會有失戀的時候呢？」

聽到這種話，有些部屬會付諸一笑，但較敏感的則會回答你說：

「不要諷刺我，好嗎？」

「不要再諷刺下去了。」

為避免長期影響工作情緒，當部屬遭到挫敗時，你應當這樣告訴他：

「不要緊！把失敗的原因找出來，下次改進。」

「以後你在這些地方要小心點兒。」

這樣的話，才能收到良好的效果，因爲沒有人是喜歡接受諷刺的。說話的方式也要因人而異，有時候同一句話會因對象的差異，而產生迴然不同的反應，這全視對方的性格而定。

以自我爲中心的部屬（自信過甚型）——無意地訕笑，也會引起他強烈的反感。對付這種部屬，明指他的缺失，是最好的方法。依賴他人的部屬（自信喪失型）——諷刺他，就如同將他推至地獄；而反覆不停地責難，更易使他失卻信心，更加抬不起頭來。遇到這種部屬，惟一可行的就是儘量寬恕他，尤其要避免正面的責難，事後再找適當的機會慢慢誘導他踏上正軌。

某公司的工廠，有一個部門裡的年輕男性員工們，都留著很長的頭髮，有的披頭散髮，好像叫花子；有的雖經過整理，但卻易被誤認為女子。總之，從外人的眼光看來，都是非常刺眼而不舒服的。

這工廠的科長於是利用中午休息時間，將這些人一叫來而諷刺他們說：

「你這樣從後面看像個女人，又像個乞丐一樣。」

這一天以後，這些年輕人就儘量回避科長，絲毫不理會他的諷刺。

知道此情況後，另一科長立即召集這些年輕人說：「你們留這麼長的頭髮，使我很傷腦筋，你們這樣不僅破壞了別人對公司的印象，而且別人還以為是我答應你們這麼做的，我實在吃不消。請你們儘快到理髮店去剪短頭髮，假如不願意這麼做的人，就請到我這兒來，大家好好商量。」

聽了這段話，這些年輕人都覺得很不好意思，他們心想若不去理髮就要到科長那兒解釋，反而不好。結果，這家公司的長髮現象就再也看不到了。

記住，諷刺與挖苦不但無法改正下屬的錯誤，反而會挫傷下屬的自尊！

少批評，多讚美

對待下屬的缺點和錯誤，在諒解之餘，作爲領導應少批評，多讚美，而不是批評多多，讚美的言詞則一句也沒有。

人人喜歡被讚美，不喜歡被批評。**戴爾·卡內基曾這樣說過：「當我們想改變別人**

時，為什麼不用讚美來代替責備呢？縱然部屬只有一點點進步，我們也應該讚美他。因為，那才能激勵別人不斷的改進自己。」

如果你想到處樹敵或使你的領導效益降低，你不妨在大庭廣眾之下指出某個人的錯誤。「你會使這個人感到困窘，以後他不但不願跟隨你，可能一輩子都不會原諒你！假如在場的人有支援他的，你的敵人就更多了！因此，絕對不要輕易嘗試！」有位研究領導學造詣極高的學者提出這樣的建言。

讚美是合乎人性的領導法則，適當得體的讚美，會使你的員工感到很開心，很快樂。這時候，你會經常聽到員工的心聲：「他很清楚讚美我的表現，我就知道他是真摯地在關心我，尊重我，並且很熟悉我的工作內容。」同時，你會得到意想不到的回報，那就是你的員工感受到自己的表現受到肯定和重視時，他們會以感恩之心表現得愈來愈出色，愈來愈精彩。

一有機會就讚美你的下屬，永遠不要嫌多。讚美你的下屬，你可以用眞誠的微笑來示意和表達，許多人都支援這樣的說法：微笑的力量，無堅不摧，微笑是最好的領導。當然，最直接的方式，還是用語言表達來讚美別人。

以下六個方法可以幫助你增進你讚美的能力：

①讚美前，要培養關愛欣賞部屬的心態，使你產生讚美下屬的意願。

②讚美要找出值得讚美的事情，而且真誠。
③讚美最好能配合你關愛的眼神和肢體語言。
④一發現員工的優點，就立即讚美他，為他打氣。
⑤一定要讓員工知道你感到自豪高興的心情。
⑥當然，讚美要講究你的語言表達技巧。

當你的部屬犯有過錯時，假使你不適時適地表達你的感受，那麼你就是在縱容、慣壞他，這是相當不智的管理手法。我們的主張是：做主管的不是不該批評部屬，只是在批評時，要特別講求技巧。否則會具有破壞性。

怎樣才是正確而有效的批評呢？以下七個方法相當管用，值得一試！

①批評要對事而不對人。
②具體地告訴部屬什麼地方做錯了。
③讓他們清楚知道你對這項過錯的感受。
④不要在第三者面前公開責備他。
⑤批評時，情緒不可衝動。
⑥對女性指責時，最好採取較柔和的方式。
⑦不要只有批評而不讚美。

少批評，多讚美，這是幫助你的下屬改正缺點和錯誤的最好辦法。

耐心勝過一切

每個人都希望自己的下屬改正缺點，提高工作效率；但改正缺點不是一朝一夕就可以辦成的事，作爲上司必須有耐心。

時間一長，對於部屬的一舉一動，就會不斷發現許多缺點。對這些缺點，身爲主管的你，要耐心一一指導，你是責無旁貸的。

當然，從部屬的立場來看，他會認爲你在故意找麻煩，或許有些人，正爲了個人的問題在苦惱，你再去指正他，他的心裡一定很不是味道。因此，剛開始時，必須選擇一個他容易接受的話題，在適當的時機，予以指導。

部屬工作成績不理想時，原因有很多，此時所要注意的地方，有下列幾點：

①有無任何阻撓。

②是否有特殊的原因或隱情。

③工作是否超越部屬的能力範圍。

④是否部屬經驗不足，或用具、資料等準備不全以及情報欠缺等。

如果忽視這些因素，而一味的責罵部屬，就不是一個眞能體諒部屬的好上司了，要是碰到內向的部屬，很可能他會一走了之，你要有這種心理準備。

假使部屬始終戰戰兢兢地在工作，偶爾發生錯誤，你也應該視若無睹，不要老是責罵，要站在部屬的立場，協助他們排除障礙，等到他們度過難關，再適時的給與一些勸慰，他必能接受。

有哲人說過，「耐心勝過一切動聽的言詞」，這句話一點也不誇張！

別輕易瞧不起下屬

不要輕視有缺點甚至有缺陷的下屬。相反，作爲領導你要重視每一個下屬，只有這樣，下屬才能盡力抑制自己的缺點，發揮自己的長處，爲領導赴湯蹈火！

心理學家指出，沒有人想成爲無名之輩，幾乎人人都希望被看成一個重要的人。然而，在今天這個機械化、集團化的社會中，一個人常常是辦公室裡的某個裝備或某個裝備的零組件。個性得不到表現，個人得不到重視，從而影響工作的積極性和主動性。

要克服這種弊端，一種可行的方法，就是作爲領導者，把你的每個職員都當做一位重要的大人物來看待，使每個人渴望被重視的心理得到滿足，從而成爲一種積極工作的推動力，甘心爲你效力。

要做到滿足下屬渴望被重視的心理，可使用以下技術：

①用心注意他人，防止造成傷害，如有傷害應盡力去幫助癒合。

②鼓勵別人談論他和他的興趣。

③讓別人都知道你重視他，以此確立他所渴望的特殊的身份。

④記住一個人的名字。

⑤把部下的一些人事問題當做重要問題來處理。

任何人都有自己的長處，只是有的人發揮出來了，有的人沒有發揮出來而已，或者是長處少一些而已。作爲領導者，要鼓勵自認爲無能的部下，調動他們的積極性，讓他們幹出成績來。

如果領導從開始就認爲某人沒有能力，部下就會認爲自己怎樣努力都是徒勞的，因而失去上進心，產生消極情緒。結果，這些人便眞的無所作爲了。因此，領導者最好不要對部下使用消極語言。

部下犯錯誤時，如果上司說「我就知道你會做這件事」，表示上司平常即對部下不信任。反之，如果改說「我不相信你會做這件事」，效果就大不一樣了，表示出上司對部下十分肯定的態度。因此，要說出對對方不利的消息時，最好的方法就是先聲明：「我不相

信有這樣的情形，但是……」亦即在肯定對方平常的爲人的前提下說出不利消息，以免對方懷疑你平常對他不信任。

重視下屬，不僅僅是在言語上尊重下屬，還包括放手讓下屬幹大事，即使下屬有某種讓人不放心的缺點也敢這樣做。這樣的領導，才是一個眞正有魄力的領導。

不要對下屬有成見

對下屬有成見的上司，眼中總有這個下屬的某個缺點，心裡總裝著他曾犯過什麼錯誤，因而左看不順眼，右看不順眼。這種領導，甚至比挑剔下屬的缺點的領導更讓人無法容忍！

領導者對部屬產生成見的原因大致如下：

①總覺得對方有不好應付的地方，包括氣質、性格傾向、出身背景、平常的習慣等。

②由於自己的自卑感遭受刺激，譬如學歷、容貌、家世、門第等條件比對方為低時。

③當對方有反抗性的態度時，例如忽視上司、批評上司、或其他顯而易見的反抗

性態度等。

部屬對領導者產生成見的原因大致如下：

①當對方的自卑感被自己所刺激時，亦即如同前面提到之②的相對立場；

②領導者屬於獨裁的、施壓的、說話惡毒的人；

③部屬認為領導者把自己看待成無能的人，且相當蔑視自己的存在。

事實上，領導者與部屬間的成見往往由雙方的互動關係所造成。即使自己所轄的單位中存有不好應付的部屬，領導者也不可輕易地將其調派他處，而必須設法研究對策，以便好好地操縱他。

對於不好應付的部屬，如果一再加以排斥或忽視，對公司而言，也是一種人才資產的浪費。不可欺負這種類型的部屬，即使假借他人亦不容許。因為，這種事終究會落人口實。領導者在面對難以應付的部屬時，最好在心理上保持適當的距離，以免發生糾紛。有關人與人之間心理上的距離問題，不妨參考相當知名的所謂「刺蝟理論」。

刺蝟是一種全身披覆著尖針一般、會刺痛人的針毛動物。這種動物通常群體而居，自成一個小團體。天氣寒冷時，它們往往直覺地彼此緊靠在一起。但由於彼此的針毛刺痛雙方，因而又會離得遠遠的。結果通常是彼此均保持在既不冷、也不痛的適當距離內。

這項理論正可適用於人與人之間的心理距離，就領導者與「不好應付」的部屬來說，可以把這種理論運用到彼此的關係上，保持互不傷害的適當距離，達到共存共處的目的。

放棄成見，作爲領導才能看得見下屬身上的長處和優點；否則，成見會把一切都罩上一塊黑布，讓領導一無所見。

不要做「隱形人」

我們把躲在背後評論別人的人稱爲「隱形人」。

領導評論下屬是正常的，但必須當著下屬的面；而躲在背後評論一個下屬的行爲，正是妒嫉型的上司經常做的。

對別人不滿而在背後非議他，目前的一口氣是抒發了，可是，這就像是價錢很高的清涼劑，清涼劑給你的暢快是短暫的，留下來的卻是無法彌補的自我人格損失。

假如被你批評的人氣量狹小的話，你給他的印象就會大打折扣。他不說出來，而你也就被蒙在鼓裡，莫名其妙地也許就遭受到許多大大小小的困難。相反地，人都是喜歡背後受稱讚的，甲對你的讚美傳到乙的耳朵裡，再從乙那兒傳給你時，那種得意與滿足，眞巴不得將喜悅散播給全世界的每一個人。所以，當你要稱讚別人時，在他可能接觸到的背後去宣揚吧！你會發現這樣給你的助益，實在出人意料，這樣可幫助你在人群中獲得快樂。

我們經常看到一些行事順遂的人，在表面上，我們一下子也觀察不出他與我們有何區別，實際上，他除了在內心修養上花費了許多功夫磨練外，還深知做人的訣竅。商業的往來首重人際關係，一切社交應酬都是在訓練使人更老練、更能內外一致，成爲一個優秀的「人才」。出了校門之後，這個社會所要求於你的，比學校更多、更複雜，你不可以逃避，這個成績可是比起你在學校裡的成績重要太多。話說回來，那些順利成功的人，他們做人的訣竅在那裡呢？很簡單——化敵爲友。換句話說，他能在無形之中，使別人也能站在他的立場，成爲他工作上的助手。

只有這樣光明正大、虛懷若谷、善於理解並包容他人過失的人，才能成爲一個高明的主管。

第九招

量才

只憑好惡取人
必因好惡失人

標準每個人都有，但只有自以為是、凡事以自我為中心的領導者，才會用自己的標準去評判下屬。對這樣的領導，下屬無法反對，但卻心裡不服氣：憑什麼他行我不行？

一個良好的組織所包含的人才中，每一個人都要能夠提供這個團體其他成員所未擁有的特殊才能。

——美國組織行為學家拿破侖·希爾

切忌用自己的標準衡量下屬

有的領導者，凡事以自我爲中心，自己認爲是好的就是好的，自己認爲是壞的就是壞的。事實上，每人心中都有不同的標準，你認爲好的，別人未必有同感，只要事情本身沒有錯誤，就不應過分挑剔。

要求過高固然使下屬的信心受到打擊，但不明確的要求標準，同樣使人失去信心。例如一些上司心情不好時，儘管下屬多麼嘔心瀝血的報告書，他也認爲做得不夠好。再者要求標準宜以該下屬的能力而定。例如一個初出茅廬的年輕小夥子，上司只能要求他中規中矩的成績。相反地，一個經驗豐富、知識水準高的下屬，仍只屬中規中矩的階段的話，就等於不合格了。

上司在託付任務時，應暗示所期望的標準，這是給與員工一個依循，以及有輕微的壓力感，使其效率得以提高。

上司發出的指令要明確，不能模稜兩可，不能有「可能」二字的介入，或加上「也許」的字眼，這往往令人無所適從。明確的指令，包括做該事項的目的、內容、有關的時間和地點，以及建議的處理方法。有時候，上司本身的疏忽，令下屬不能預期做妥工作，反被上司指責。

例如某上司對秘書說：「給我致電總行的張經理，約他下星期五到我的辦公室來。」秘書小姐如言電約，但對方稱下星期五要開重要會議，而他過兩天便要到外地公幹一星期，建議不如將約會改在明天。秘書想將張先生的話向上司轉述，但是一連兩天，上司均屬假期，根本沒有機會提及。待上司上班時，秘書才將張先生的話覆述，此時張先生已身在英國；該上司責怪秘書何以不早說，因為他找張先生，就是要商談有關他到外地後，有事相託的事。

秘書感到沮喪，因為在這件事中，她根本沒有做錯或遺漏，問題只是上司的指令不明確，欠缺了提及找張先生的大概目的，以致秘書在張先生提及去外地時，未能做出即時反應，要張先生直接與上司聯絡。

其實，該上司除了應該提及目的之外，也應向秘書透露如何才能找到他。許多人認爲公事時間以外，就不應該讓下屬騷擾；以致下屬有要事找他時，往往束手無策，只有空著急的份兒，那麼辦起事來又焉能快捷呢？

作爲上司，命令下屬去做××事一定要附有一個明確的公正的標準，就如同考核一樣，六十分才算及格。只有這樣，下屬才能辦好事，且對你毫無不滿。

不要心中只有一個我

每個人都有以自我爲中心的傾向，但當它表現在人我的關係中時，若不與別人保持和諧，則造成的後果，往往是混亂的。

我們的社會是符合眾人的需要，互相協調而組成的團體，所以生活在其中的人，應該時時顧慮、體諒他人的存在，多給別人好處，少自我誇許。那種隨便就顯出自我爲中心的人，一定得不到廣泛友誼的支援。在這個社會上，欲獲得成功是必須與人合作的，所以，只要離開了眾人的友誼，同樣地，也將失去了大眾對你的信任，屆時，又如何在這個社會上立足呢？

人們雖然有利己的傾向，卻討厭別人做事只顧自己，總之，這是一個合作的社會，人人都想利己的結果，受損的仍是自己。

我們常可聽說：「我們的主管挺有才華的，可是他凡事只想到自己，所以我討厭在他手下做事！」這的確是給那些特別以自我爲中心、對員工福利少有體諒的老闆一劑針砭。也就是說，部屬都是不喜歡被忽視的，做主管的多爲部屬的福利著想，所得的利益及無形的成就則難以估計。

尤其是那些能力很強的部屬，他們也有利己心呀！當他們的利己心一再被主管們所剝奪時，他們能不反彈嗎？所以，身爲一個主管，或者是想當主管的人，無論在任何場合，都應該在這方面好好克制一下。

而對一個公司的負責人而言，那些利己心很重的人，無疑是眼中釘，誰都不願意自己的屬下發揮利己心。因爲那就像麵粉中的酵素，會破壞全體員工的工作情緒。因此，公司在選拔人才時，總是看重內心忠誠者，也就是要犧牲一點利己心的才可以做未來的主管。

因此，在主管人選的競爭上，有太強烈利己心的人也要當心，因其正被視爲淘汰的把柄呢！這樣，當主管的希望，也就微乎其微了。有強烈利己心的人，是一眼可以分辨出來的，所以，年輕的朋友們，善加磨練修養你的心性，迫使利己心能減低到最小的程度才可以。

利己心並非完全沒有益處，但對一個領導和主管而言，卻是有百害而無一利。立刻拋棄它是你惟一的選擇。

妄作毀譽，毀損自己

凡事以自我爲中心，用自己的標準衡量下屬的領導，表現出來最大的過失就是妄作毀譽，任意評判下屬的對錯！

過於自信的主管，常常喜歡以一句話來評論他的部屬，

例如：「A那個傢夥，老是冒冒失失。」、「B太邋遢了。」「C是個模範員工。」而他們下這些評語的依據，往往只是來自一、兩次偶發的事件。像是他對A的看法，是因為有一次，A在除夕聯歡會上瘋狂地歌舞，醜態畢出。而對於C，則是因為他連休假都放棄，每月的薪水又原封不動的拿回家。

像這樣的論斷，實在是過於武斷，其可靠性亦可想而知了。

我們發現，即使是最易瞭解的性格，至少也要使用七個句子來形容，才能明白表示。而一般人所擁有的辭彙，都太少了，偏偏又喜歡以這些貧乏的辭彙來形容別人。再說，中國話奧妙精深，一句話往往蘊育數種含意，例如：有禮貌的人，有人以爲是指很懂禮貌的人，有些人就會認爲是指服裝整潔的人，但有時卻會令人聯想到「死板」、「難以接近」的印象。

總之，同一句話給人的感受，往往是不盡相同的。因此，作爲一個主管，要瞭解語言的重要性，千萬不能對人妄下評語，**在批評部屬的時候，要注意到下列二點：**

①不要光用形容詞，一定要舉出具體事實，加以說明。

②盡可能做多方面的觀察，再下評語。

讚揚也好，批評也好，總之要有一個固定的標準，不要忽此忽彼；這樣，下屬才會打

心底裡接受領導的批評或讚揚。

不要亂定是非

只用自己的標準評判下屬的領導，往往有一個特點：喜歡對下屬妄下論斷。這種不分青紅皀白似的論斷，會嚴重地傷害下屬的感情！

「我的部屬，腦筋很不靈活，像小張，一件事要講三次，才知道怎麼去做。」

像這類的批評，經常會在主管的談話間出現。一般的主管，喜歡在有事沒事時，一一褒貶部屬。尤其到了人事考核時，若不挑剔，心裡就著實不好過。

的確，部屬有不完美的地方，不過身爲主管應該列舉事實，想出最適當的指導方式，而不是一味的批評，尤其在公司以外的場合，是絕對不能說部屬壞話的。假使是誠心想指正他，就應該當面告訴他，而不要讓別人聽到。否則，要有心理準備，部屬將會一個個地棄你而去。

還有一些主管，專愛說上司的壞話，尤其喜歡當著部屬的面批評上司。這種人滿以爲自己具有正義感，爲部屬打抱不平，而事實上，他多少帶點毀謗的意味。除了部屬之外，他還會經常跑到總公司，找高層人員作朋友，揭露上司的隱私，像這樣的人，在大家看清他的面目後，終會爲人所唾棄的。

對部屬來說，每一個人，都希望選擇優良的職業場所，跟隨成功的上司，愉快的工作。批評上司，等於是將這種心情破壞了，難免會給工作環境製造一些麻煩或不和諧的氣氛。

部屬最能信賴的主管，首先，就是不說別人壞話的人，尤其重要的，就是不批評自己的上司或部屬。

假使非說不可，乾脆就大肆吹噓他們的優點吧！假使認爲別人一無是處，這就是先入爲主的成見了。只要肯靜下心來，細心去發掘，任何人都會有一兩點長處，在尚未發現這些長處之前，就不能算是瞭解，而不瞭解時，就沒有資格對人妄下論斷。

作爲領導，切記在給下屬下論斷之前，先給自己定下一個客觀的標準吧。

不要猜疑下屬

每個人都有自己的標準，下屬也不例外。當下屬用自己的標準判斷某件事的時候，作爲領導不要立即懷疑下屬判斷的對錯。畢竟，你也是在用自己的標準評判下屬！正確的做法是：當下屬的標準和你的不一樣時，首先要信賴下屬。

處在這個競爭激烈的時期，如果毫無顧忌地表現自己，那是很危險的。因爲，你在無形之中，可能將自己的情緒及前途，斷送在別人手裡了，稍稍不留意，就會被別人扯後腿。

但是，良好的人際關係終究是建立在彼此信任、彼此尊重上的，如果事事猜疑別人，那麼，將很難與別人建立良好的友誼，自己也會變成一個不被信任的人。

信賴對方，才能贏得對方的敬意。即使偶爾被出賣了，只要你是正直且寬宏大量的，最後的成功會證明這些微不足道的小小叛逆是發生不了作用的。所以信任別人，正是一個人的成功之鑰！

尤其，在同一個工作崗位的人際往來，互相信賴、互相聯繫，是工作順利的基本條件。因爲，缺少了信賴，團體將沒有辦法同心向共同目標邁進，當然更談不上所謂「苦幹」的敬業表現了。

今日的社會，一個人無法辦到的事，由幾個人分工合作，就能發揮很高的效率。企業組織本來就是小團體與小團體的結合體，假使構成這個結合體的每一分子都彼此猜疑，這個團體必然渙散而不堪一擊。

要成爲一個主管人才，最基本的條件，就是要信任你的部屬，尊重他的個性、欣賞他的創意。這種尊重與欣賞可以使你工作行事無所不利。不能信賴別人的人，會使生活中充滿猜疑，自己做事情不順利，連帶會使受猜疑的人自暴自棄。如果是一個有才華的主管，猜疑心太重還可能使自己壯志未酬而身先死。

信賴部屬的標準，並不是懷疑自己的標準，而是對下屬的一種寬容和理解。

切莫唯我獨尊

那種以自己的標準評判一切的領導，常常有嚴重的唯我獨尊的意識。但這種意識，只會傷害企業和自己的形象，妨礙工作的進行，降低企業效率。

某公司的馬科長，就是這樣的一個人，不管部屬提出任何意見，他一概加以反對，例如：

「我沒聽說過這件事。」（其實只要稍作調查，馬上就可以明白。）

「這件事現在不能跟常務董事提起，因為他正在發脾氣。」（天哪！去說服他正是你的職責。）

「這件事若突然去報告部長，他是不會採納的，而且還會責怪你為何事前不告訴他。」（其實，還不是你從中作梗。）

「這筆預算不會批准的，我沒有信心去說服他們。」（那麼，你就應該寫辭呈。）

括弧中的話，才是部屬內心眞正想說的，只是沒有勇氣表達罷了！他們心裡明白自己地位太低，無權發表意見，稍作表示，極可能會被貶，或考績不合格。換句話說，不管他們說什麼，都不會被接納的。

因此，括弧內的話，就換成了另一種形式，在公司裡傳開來。

「馬科長什麼事情都說——我要這樣，我要那樣，一點都不接納部屬的意見。」

「做馬科長的部屬真是可憐，不時要察看他的臉色，以免……」

「馬科長的上司，想必是個不明事理的人，才會任用他，像這種主管，真令人受不了。」

爲了避免這樣的情況，做主管的，要經常作反省的功夫，檢討自己是否在不知不覺中，做了妨礙者。萬一答案是肯定的，要立即改變作風，站在「促進者」的立場，謀求解決當前的情勢，切莫再固執己見，惟我獨尊，如此才能改變部屬對你的看法，獲得他們的信賴。再說，做了妨礙者，不但對部屬無所幫助，就是對自己，也毫無利益可言啊！以公司方面來說，有了這種主管，還要付薪水給他，可眞是一種諷刺。

放棄唯我獨尊，做到用客觀的標準評判下屬也並不難。一切的一切，只是領導者的態度問題。

第十招

實力

實踐是檢驗能力的唯一標準

領導者迷信下屬的文憑也是迫不得已的事，因為每個下屬都認為自己是人才，是天才，應該得到重用的。但迷信文憑和相信文憑畢竟是兩回事：前者只看文憑用人，後者是把文憑當作用人的一個參考。

即使一團成績優秀的西點軍校畢業生，也比不上一個真槍實彈上過陣的老兵。

——英國英美煙草公司前總裁L・杜布森

文憑不能代表一切

誰都知道，企業之間的競爭其實是人才之間的競爭，而選拔人才的途徑，一般有兩條：一是從社會上選拔人才；一是從學校選拔人才。從學校選拔人才，除了看專業，主要看的是文憑。因此，從那些明星大學出來的人，很容易找到單位；而從那些三流大學裡出來的則不容易。

剛從學校畢業的下屬，往往容易犯同樣的毛病，就是急於表現自己的才能。他們都充滿自信、重視效率，卻忽視檢討，處理工作的步驟和質量。身爲上司的你，著實被他們的衝勁吸引過一陣子，也深信那一紙文憑是良好質量的保證。管理階層應牢記的是：不要盡信任何文憑。文憑可以作錄取與否的參考，勝任與否卻是日後的事。

急於表現自己的人不只限於剛踏足社會的年輕人，也有工作經驗不淺的人，他們謀略不足，衝勁有餘，容易因犯錯而拖延了工作時間。但他們有一個優點，就是屢敗屢試，不易被挫折摧毀。可惜沒有一位好上司，帶領和輔導他們，以致在工作過程中，往往容易出現混亂和錯誤。

過分急於表現個人才能的下屬，不能用打擊的方法對待，反而應表示欣賞，鼓勵他在某方面學習更多知識。另一方面，告訴他在工作過程中，欠缺了什麼。一般而言，多是欠缺步驟和耐性。應該先做的事，他們忽略了，可以放在較後程序的，卻先去完成，以致出現太多漏洞。

文憑不能代表一切，即使是諸如台大、清華這樣的名牌大學的文憑也不例外。

實事求是，選拔人才

要想實事求是地選拔人才，首先要做的就是先把下屬的文憑擱在一邊，在考查中發現人才，用好人才。

考查是大家最熟悉的識別瞭解人才的方法。考試內容要根據現任或擬任職務的要求進行。既考文化基礎知識，瞭解其文化知識水平和知識結構的廣度，又考相關的專業知識，瞭解專業水平的深度。在專業知識上又可分爲專業理論知識和運用專業知識的分析解決實際問題的能力。

考試方法，有筆試、口試、實際演練三種。筆試主要考核人才的記憶力、理解力、文字表達能力。口試主要考核人才的應變能力、分析能力、政策水平。演練主要考核人才的實際能力。筆試又可分爲閉卷和開卷二種。實踐中不少單位要求閉卷考試合格者進行論文寫作考試，進行目標單位的任期目標設想及可行性論證。有的單位要求寫出一份調查報告。口試又可分爲十分逼眞地設置一些具體工作實例來考核的情景模擬考試和審閱論文、組織答辯的專家當面考試。演練是讓被測者在實踐中實際操作，分析和處理典型問題或完成某一項任務，看其是否具有職務上所需要的智慧和潛力。有的地方把此項叫做實踐考試。

以上介紹了幾種主要的人才考查方法。這些方法都是在實踐中產生和發展起來的，每種考查方法都有自己的適用範圍、長處和局限性，因此要根據不同考查對象加以選用。人才考查的方法還可以舉出一些，如作品分析法、實績記錄法、報告審核法、個案審查法、成績指數法、智力測驗法等，這些方法中，其中有些已包含在所介紹的方法之內，有些則較少用，故不一一介紹。

搞好人才考查，要實事求是，做到全面而正確，切忌主觀片面。然而，在實踐中，由於人們受主觀心理因素影響和限制，往往難以全面正確認識人才，因此應認眞研究可能出現的各種不良傾向並加以防止。

常見的不良心理因素有：

(1)月暈效應

測評人對被測評人的某種特質或能力特別欣賞或厭惡，從而對於被評人的其他方面的正確評價產生影響。俗話說「一俊遮百醜」、「情人眼裡出西施」包含了這層意思。

(2)情感效應

測評者對被測評人的情感好壞、關係親疏，或測評者當時的情緒，也可能影響對被評人的評價，自覺或不自覺偏高或偏低。

(3)初始效應

第一次給人留下的印象往往特別深刻，以後即使得到相矛盾的資訊，也難以一下子改變最初形成的印象。這容易影響對被評人評價的客觀性。

(4)近期效應

測評者對被測評人近期表現印象深刻，記憶清楚，而對遠期印象模糊不清，造成用近期印象代替整個考查時期事實的誤差。

(5)暗示效應

測評者受權威人士或輿論宣傳的暗示而受影響造成考核結果的偏差。

(6)偏見效應

偏見比無知離眞理更遠，帶著有色眼鏡看人，必然使被測評人背離原色。

(7)社會效應

測評者唯恐判斷失誤，被人見笑，而自覺不自覺地把評鑒等級往後靠攏的傾向。

因此，在測評時要對測評人員進行宣傳教育，講清考測的目的、意義、原則、方法、具體標準，把考核偏差儘量減少到最低限度。

如果在考查中發現下屬的文憑中含有太多水分，應當機立斷地放棄，另外選拔更爲優異的人才。

在實踐中檢查文憑

俗話說：比較出眞知。除了考查，你還可以用下屬跟下屬比較的辦法檢查文憑的眞實性，發現眞正的人才。

比較是人們認識各種事物最基本、最常見的一種方法，是揭示事物差別，認識事物本質的一種重要思維形式和邏輯方法。平時我們說：「不怕不識貨，就怕貨比貨」、「比比看看，異同自辨」等，都是說明對比的必要性和重要性。把比較的方法運用到領導者知人用人中，我們把它稱爲「比較鑒別法」。它是指把兩個或兩個以上的同類人才放在一起進行考查，鑒別其個體素質的共同點和差異點，加深對考察物件的認識，從而瞭解和掌握某一個或某一類人才的基本情況。

比較鑒別法的主要類型有橫向比較、縱向比較、正反比較和思維比較。所謂**橫向比較**，就是從空間上去看一個人與另一個人的區別，在左右的對比中鑒別優劣。橫向比較有兩種形式，一種是以某個考查對象爲座標參照系，橫向延伸，選擇基本情況相似、相同、相近的同類幹部爲對象進行比較，以便看其優劣程度。比如一位領導推選某人為班長，對他能否勝任心中無數。這時，便可以把這個人與本單位其他幾位班長進行綜合比較。如果比較的結果不相上下，就可以肯定這個人能夠勝任班長之職；如果比較的結果差距太大，就可以考慮另換他人。另一種形式是確定幾個物件進行考查，通過比較，好中選優。這種形式的缺點是，容易出現「矮子裡面拔將軍」的現象，所以在實踐中要與第一種形式結合起來效果才好。

所謂**縱向比較**，就是從時間上去看一個人的變化，在前後的對比中認識其優劣。縱向比較法要求領導從一個人的變化看發展。因爲任何人都是隨著時間的推移，在不斷發展變化的，這種變化的客觀性就決定了識人的客觀性。絕不能憑老印象看人，要隨著人的發展變化改變對人的看法。這是實事求是的思想路線的體現。

因此對一個人的看法，要既看過去，又看現在，把過去和現在聯繫起來觀察，重在現實表現上。例如對犯過錯誤的人，就應該把他的錯誤和他的全部歷史表現聯繫起來看，不要孤立地只看他的一時一事。另外，還應該把他過去犯的錯誤和他今天的現實表現聯繫起來，看他是否已經改正。如果已經改正，就不應該影響對他的信任和使用。

所謂**長短比較**，就是對一個人既要看長處，又要看短處，通過長處與短處的比較，看哪些是主流，哪些是起主導作用的因素。魯迅先生說：「倘要完全的書，天下可讀的書怕要絕無；倘要完全的人，天下配活的人可就有限。」例如有的人很有能力，就可能有些「驕傲」；有的人小心謹慎，就可能有些懦弱無能；有的人辦事很果斷，就可能有些「主觀」；有的人勇於創新，就可能有些不夠穩重；有的人喜歡做事務性的工作，就可能不愛學習；有些人善於概括搞宣傳鼓動，就可能不太扎實。優缺點是相互聯繫、相互依存的。如果他主流是好的，而他的缺點又不妨礙本職專業，就應大膽任用。

所謂**正反比較**，就是將考察一個人的正面意見和反面意見相比較，在求同存異中鑒別優劣。對一個人看法不一致的情況是經常出現的，不要怕有不同意見，要主動徵詢和認眞聽取不同意見。通過不同意見的比較，求得正確的一致看法。一時拿不準的事，如果沒有不同意見，最好不要匆忙下定論。

所謂**思維比較**，就是把一個人與其他人的思維方式進行比較，以便確定其所適合的工作崗位。實踐證明，在外部條件基本相同的情況下，一個人的思維方式如何，對其所擔當的工作影響很大。一個研究社會科學的人，如果沒有較高的抽象思維能力是不可能勝任社會科學研究工作的；一個愛好文學的人，如果沒有一定的形象思維能力是不可能搞好文學創作的；一個企業家如果沒有敏感的創造性思維，也是不可能搞好經濟建設的。所以，在考查人才時，要比較哪種思維方式科學性強一些，適合這項工作；哪種思維方式科學性差一些，不適合這項工作。以便選優汰劣，用準、用好人才。

爲了使比較鑒別法在領導工作中發揮更大的作用，我們還必須注意比較的科學性。

(1)切忌單項因素的比較

在比較兩種事情的時候，不能從每一件事情中隨意抽出一些單項因素作比較後就下結論，而要把有關的因素加在一起做全面綜合的比較。比如，兩個人才相比較，一個優秀人才會有缺點，一個較差人才也會有優點，如果看到這兩個人才都有某種相同的缺點或相同的優點，就認爲這兩個人才都一樣，甚至說這個優秀人才還不如那個較差人才，那就不對了。

(2)條件不同，基礎不同，比較的方法也應不同

條件不同者，應先比條件，而後再比事物自身的情況。基礎不同，比的起點也應不同。俗話說：站在梯子上的人，不能同站在地上的人比高低。有些人簡單地拿年輕人與幹了幾十年的人比較領導的經驗，越比較越覺得「薑還是老的辣」，不敢大膽提拔年輕人才。如果把現在的年輕人才同人才年輕時比，就有可比性了。

(3)非同類項不能相比

算術裡的不同名數，不能相加減；數量和重量不能相比。兩種事物必須是同類、同一範疇的、同一標準的，這樣才有可比性，不能風馬牛不相及，沒有任何聯繫的事物不可以比較。總之，我們在運用比較鑒別法時一定要以科學的方法，科學的態度，比可以比者，比應當比者。

比較法是一種很有效的檢查下屬的文憑是否屬實的方法，掌握了它，任何「假」文憑都將無所遁形。

員工路線

知人選才不能以領導者一個人的印象爲標準，還要看員工反映。走員工路線來識人選才，就相當於用眾人的眼睛在觀察，相當於用眾人的耳朵在打聽，通過這種辦法選拔出來的人才比較可靠。反映到知人選人上來，我們則把依靠員工發現和識別人才稱之爲「員工路線法」，主要有民意測驗、民主評議和民主推薦。

(1)民意測驗

民意測驗有較大的準確性。它的目的是，在不受任何壓力和干擾的情況下，使員工得以充分自由地反映自己的眞實意見，並對這些意見進行綜合分析，藉以對某問題做出調查結論或做出決策。領導者識人選人中的民意測驗既不同於典型調查，也不同於普通調查，採取這種方式要注意：要有明確的目的和調查內容，提問題不能含糊，回答力求準確；挑選調查範圍十分重要，調查的時機也要適當，不宜過早或過遲；必須有一種民主的無拘束的氣氛。總之事先要進行精心的計劃和良好的組織工作，才能取得效果。

(2)民主評議

目前主要用於評議各級領導幹部。它是由下屬對領導者一個時期的決策能力、工作態度、工作成績以及其他表現等進行心理測評，讓稱職者繼續擔任領導工作，不稱職者，免職或調換其他工作崗位。

(3)民主推薦

這種方法是由員工推薦適合從事單位需要的工作或崗位的人員。發動員工推薦人才，是一種很細緻的工作，不能簡單從事，要加強組織領導工作。

①要做好思想準備。就是對員工搞好思想動員。講清推薦人才的目的與意義，提高思想認識，消除思想顧慮，讓員工懷著強烈的責任感進行民主推薦，不是「奉命」推薦；解釋德才標準，提出掌握德才標準應注意的政策問題，使員工掌握推薦的武器；根據本單位的實際情況和推薦的人選問題，交待注意事項，提出具體要求。

②要做好組織準備。領導和業務部門要通盤考慮並計劃人才的進出，對需要退下來的事先做好工作，做好安排，以騰出位子來。同時，還要按照人才員工結構

的要求，對所需的人才研究出一個預案。

③要做好業務準備。就是業務部門為發動員工民主推薦提供必要的準備，如提出初步計劃與方案，查閱有關檔案，設計民主推薦表，擬定民主推薦的方法、步驟等。

應當注意的是，不管用哪種方式識人選才，都要求實行「三公開」：一是名額公開。選拔什麼幹部要向員工講明，這樣可以使員工擴大視野，掌握標準，避免選出的人才職能不當。二是實績公開。除幹部的政歷、生活問題應該個別進行外，對學習、思想、工作，特別是實績方面的情況，應該公開。這樣便於員工把平時觀察到的和領導提供的情況相統一，便於員工縱橫比較，優中選優。三是結果公開。不僅要把結果向員工公佈，而且還要向被選者本人講明。這樣既可以核實情況，又可以教育幹部。

在考查和決斷中，特別是防止打著走員工路線的幌子，把領導主觀意志強加給員工；也要防止對員工意見不加分析，員工說怎麼辦就怎辦的極端民主化現象。爲此，**作爲領導者要十分注意四種情況的處理：**

①對於領導預案和員工推薦一致同意的人，要大膽使用，這樣的人一般來說是單位的「主力」，符合要求，具有堅實的員工基礎，即使是還有不足，也不致妨礙使用。

②領導沒有列入預案而員工一致推薦的人，重新考查，符合條件者應予以任用。領導考查出現漏洞是不可避免的，所以對待員工的推薦應持虛心、慎重的態度。對員工一致推薦的人應進行重新考查。確實符合條件的要尊重員工意見。

③領導準備使用，但員工一致不滿的人，一般不用。由於領導事先考查不深不細，而認錯了人的情況也是經常發生的，有時把那些善於阿諛奉承、投機鑽營，而又無本事的人看中了，員工當然是不滿意的。如果不尊重員工意見予以使用，特別是行員工路線之虛而強姦民意，將會引起員工強烈反對。因此，遇到這種情況，領導者應該採取果斷決策：一般不用。

④個別由員工推薦上來有問題的人，堅持不用。有的人不符合條件，或者有不宜公開的問題，員工不清楚，被推薦上來了，應堅持原則，能解釋的就解釋，不便解釋的就內部掌握。

總的來說，我們只有真心實意地走員工路線，在充分發揚民主的基礎上認真研究，尊重員工合理意見，在民主基礎上集中，達到領導與員工意見基本一致，才能把員工公認的有真才實學的人識別和挑選出來。

唯才是舉

我們提倡領導用人不要迷信文憑用人，但有的企業領導反過來卻走上了極端，對文憑不屑一顧，這同樣大錯特錯。文憑雖然不是一種保證，但卻是一種參考。既然文憑是參考，那麼什麼才是人才的保證呢？

簡單地說，就是人才中的「才」字。

老闆要從事業的高度出發，重視、認眞謹愼地挑選人才。如果將這件事情視爲兒戲，把它看成是簡單而容易的事，那麼不但使事業受損，個人也將飽嘗用人不當的苦果。在識別和選拔人才問題上，是唯賢是舉。還是唯親是舉，歷來是事業興旺與衰落的一個重要標誌。

在識別人才上，以唯賢是舉爲原則，就會使從善者如流而來，大批人才擁到身邊，事業就必然興旺發達；如果以唯親是舉的原則，人才就會遠離而去，一些奸佞好事之徒就會糜集左右，必然導致企業腐敗衰落。

唯才是舉，才能既不讓假文憑者隱身藏形，又不讓眞正的人才被領導的慧眼錯過！

第十一招

主次

一個累壞了的主管
是一個最差勁的主管

事必躬親的領導者也許有很多優點：有能力、謙虛、積極肯做、任勞任怨，什麼都親自動手……唯一的缺點就是：事必躬親。但他的這一個缺點，往往蓋過了他所有的優點。

下屬在工作中越感到自己有能力和有效率，則在完成工作時就越不想要命令和指揮。

——美國歷史學家J．伯恩斯

千萬別當管家婆

在企業或公司裡面，也常常有類似於管家婆角色的領導和主管。這樣的領導事必躬親，大包大攬，屬於他本份的事他幹了，不屬於他本份的事他也幹了，吃苦受累，任累任怨，但結果居然聽不到下屬的一句好話，而儘是不絕於耳的指責與埋怨。

吃力不討好也罷了，更嚴重的是，這種事必躬親的主管的所作所爲，對企業卻是有害無利，助長了下屬懶惰之風，使生產和工作效率大大降低；並且，顧此則失彼，一個不小心就會使企業陷入漩渦，無法自拔！

這種類型的領導十分可悲，因爲他什麼也沒有得到，相反竭心盡力，日理萬機，但萬沒想到卻害了企業！也十分可憐，因爲誰也不同情他的處境，無論是他的下屬還是上一級的領導——他所扮演的，是一個徹頭徹尾的悲劇的失敗角色！

領導切記不要做「管家婆」，否則悔恨莫及！

事必躬親危害大

領導事必躬親的危害，同樣可以用一句話概括：愈忙愈糟糕！

管理與人事部門間的所有鬥爭都是「不可缺少」的問題。雇員必須認爲自己是不可缺少的，即使懷疑是否是眞的如此；而管理部門則持相反的意見。許多人每天不停地工作，就是想使自己成爲不可缺少的人，尋求絕對的保障，但很少人能達成這個目標。首先，管理部門的意見在基本上是正確的：不管你是如何重要，但沒有一個人是不可缺少的，把你更換掉，最壞也不過是個不方便，費用及時間的問題。試圖證明自己是不可缺少的人不得不以幾何率來求擴張。他們絕不會有足夠的工作、頭銜及責任來達成他們不可缺少的目標，就好像沒有一個需要愛來感到安全的人能有足夠的愛。以擴張來獲得較多的權力，較多的金錢，或較高的聲望是一種易於實現的野心。在每個公司裡，認爲自己是不可缺少的人，而他的同事通常亦認爲是如此的人，最後必遭辭退。然而沒有一個公司會相信公司的存在是依賴少數人的健康、心智健全及善意，尤其是假若眞的如此，公司更不會相信。

蔣先生計劃使自己成爲公司所不可缺少的人，他亦幾乎辦到了。

就像他的一位同事所説的，「我們跟這位人物一起生活了三年。所有權力都被攬到這個傢夥身上。假若你要反對或跟他爭辯的話，他就解釋他是如何地疲倦，他用取下眼鏡，按摩鼻粱來表示他的疲憊，然後他會告訴你別人堆積在他身上的這些工作不知道要多久才能辦完。他可能會問，『血肉之軀究竟能再承受多少？』總之，他是在告訴別人，不管什麼事情，沒有他來『救』，就不會辦好的。然後有一天，他離開公司去擔任另一件工作，就像世界末日的來臨。沒有一個人能知道檔案裡是什麼東西，或是什麼意思，我們甚至找不到它們。每件事情都是集中管理，當他帶走他的有地址的小筆記本時，我們就無法找到我們客户的電話號碼，我們甚至很難知道他們究竟是誰。然後我瞭解為什麼他會有權，是我們太懶了。我們曾經很高興讓他來接管。那意味著減輕了我們的工作，更重要的是，解除了我們的責任，因為他畢竟願意承擔每件事情的責任。我們讓他變成一個巨人。在一兩個禮拜內，好像他從來沒有到過那裡。日子繼續地過，事實上比以前好得多，我們並沒有破產，也沒有粉身碎骨。」這個故事告訴我們一個道理：即沒有人是不可缺少的，它一點都不錯，這不是管理部的人患了妄想症。一旦你認為你是不可缺少的人，你做的工作就遠超過他們所支付給你的薪水。這是一種失敗者的遊戲。

你越想證明人家是多麼地需要你，就越可能引起人家的注意，他們會首先懷疑你所做的工作是否的確需要。

千萬不要用事必躬親來證明自己是企業不可缺少的人，否則你在上一級領導眼中有一天會變成多餘！

不要凡事都自己來

喜歡事必躬親的領導往往有「凡事都自己來」的習慣，這種不良習慣必須改正。這種「凡事都自己來」的習慣，一部分來源於對下屬的不信任，只看得見下屬的短處，卻看不到他的長處。

比如說有一個人，總是冒冒失失的，一點也不穩重。可是，如果他能自我警惕、小心應對，他的這種本性反倒能帶給周圍和諧的氣氛，成爲人際關係上的潤滑油。而嚴謹的態度本是優點，卻容易帶給人拘束感，自己也會感覺太過死板了。

沒有人是完美無缺的，和人交往或一起工作，你就得儘量去配合對方，想方法彌補對方的短處。光是一味地要求對方改變，這種觀念是不對的。因爲每個人都會有缺點，沒有缺點的人，可能幾萬人之中也找不出一個，不！可以說世界上根本就沒有人是完美無缺的。同樣地，如果你認爲這個人一無用處，他終究也有長處；如果你認爲一個人沒什麼優點，可能他的優點是潛在的，只是還沒有爲你所發覺。

在公司裡之所以批評上司、同事或部屬的短處，對他人不滿，乃是下意識的想去要求對方完美。而既然自己也並非是個完美的人，就沒有理由去要求夥伴們是十全十美而沒有缺點。如果在觀念上，能知道人人都有缺點，就不會不滿了。

尤其以後的主管，將是視其能否運用「與其自己去做倒不如有效地讓部屬去做」的技巧來衡量他是否稱職，是否能高明的要求部屬有良好的工作表現。所以，那些說自己的部屬有短處，不能信任，而凡事都要自己來的人，不論他本身多有能力，終究是不能成爲一個幹才。

避免事必躬親，先需改掉「凡事都要自己來」的不良習慣。

不要讓毛病發作

有些領導看到下屬故意拖延工作，就感到很不耐煩，乾脆捋起袖子自己幹——一不小心事必躬親的毛病又發作了！

下屬習慣拖延工作，其中一個原因是害怕困難，他們通常會將工作拖延至無可拖的時候才草草完成，可想而知質量會如何。

這類員工在上司面前，總是皺著眉，一副很困擾和忙碌的樣子，像在說：「不要再派工作給我了。」問他的工作進度，往往回答：「在進行中，但有些問題要先解決。」也有的像阿明那樣：阿明在某公司業務推廣，經常與外界接觸；幹了十年，由當初的衝勁青年，漸變得懶散和得過且過。每次開工作會議，他對上司委派的工作，均以拖延方法應付。上司李君亦有很大的忍耐力，以為他會自律，慢慢會將陋習改正過來。不料阿明卻變本加厲，在一次會議中，李君問他為何未有新一年度的業務推廣計劃；阿明一派理所當然地答：「有同事正在放長假，待他回來再一起商討吧。」李君怒火中燒，拍案叫罵：「他不回來的話，整個計劃是否不做了？我限你三天內完成。」

李君犯了一個嚴重的錯誤，首先他未有及時糾正員工的疏懶態度，其次是無意間詛咒正在放長假的同事，很容易傳到該同事耳中，因而對李君有所誤解。最錯的就是拍案叫罵，用高壓政策來對付員工。

對付自信心不足，害怕困難的員工，除給與一定程度的壓力外，並鼓勵他自行解決問題，有助刺激他們的工作能力；但賦予壓力必須按步驟逐步加給，不能一下子卸下。無論如何，讓他知道拖延的方法是使不得的。

天眞單純型的員工多是剛踏出學校門檻，對前景抱有極大的期望，但由於入世未深，感情一般上來說較爲脆弱。他們完成了上司指派的工作後，就有很大的成功感，希望別人認同他的努力和成績。如果上司不加以讚賞和鼓勵，他們便容易感到洩氣，甚至有白努力一番的歎息。

面對這些仍未脫孩子氣的下屬，適當時候給與讚賞和鼓勵是少不得的。不過，別太多讚賞，以免造成他們自滿的情緒。在一些舊人面前，也不宜單獨稱讚這類下屬，因爲此舉會令舊人產生被冷落的感覺。最佳的方法是待該下屬有事找你，在他臨離開你的辦公室時，像突然想起的樣子。加一句稱讚的話，足以教他喜悅一段日子了。爲了保持自己在你心目中的良好印象，他們會更努力工作的。

追求完美的下屬工作效率必然較低，所謂慢工出細活，但慢是肯定的事，工作是否素質高，卻屬見仁見智。

也許有些下屬終日埋首工作，但效率卻很低，想指出他們的錯誤，又怕他們會因此變得得過且過。事實上，最大的問題是他們不願向主管呈示工作成果，以致令運作上出現與其他人不協調的情況。

身爲上司者，很難對上述類型的下屬做出批評；由於他們已經付出超過本分的精神和努力，但始終無法產生成功感。在連自己也不能通過的心理下，就不願向上司展示所做的一切。

面對事事追求完美的下屬，主管應向他強調工作最主要的要求，並且要他兼顧效率的配合。在這方面，適當的壓力是必要的，光是言語上的強調並不足夠，時加提醒可令下屬感到一定的壓力。

此外，強調延誤工作將造成的後果，是不能用完美質素可彌補的；例如貨物延遲出貨，對方無法再等而抽起訂單，是最嚴重的後果。

作爲領導，當你看到下屬故意拖延工作時，不要事必躬親親自動手，而應幫助他解決困難，用熱情和讚揚鼓勵他、督促他加快工作的進度。

不要代替爭勝好強的下屬

有些下屬對成敗看得很重，爲求達到目的不擇手段，或者忽略了合作的重要性，出現了自以爲是、自作主張的情況。當你發覺下屬中有這類型的人時，切勿劈頭即警告對方自作主張，此舉會使他們產生反叛性。由於好勝心的推動，甚至有一種要「征服你的意志」的念頭。

對待這類下屬，不要隨便做出稱讚。儘管他完成了任務，但該項任務並非你期望的，而且發覺其後可能會出現某些後遺症；你毋須表現得很高興，也絕對不要稱讚他。若無其事的應答一句，表示你已知道他完成任務就足夠了。同樣地，當他依照你的指令，完成你所期望的工作時，才予以稱讚。這樣做，可使他知道你不鼓勵他過分自作主張的行爲，因而漸漸地便會追隨你的步伐而行。

你可能會有許多不願屈居女性之下工作的男性下屬。他們的自尊心極強，尤其是涉及一些處事作風，更加不肯讓步；以致本來可以順利完成的工作，經過許多波折才能完成，浪費了大家的寶貴時間。

對付這類下屬，無論是男主管抑或女主管，均以保留對方自尊心爲出發點。只要他有下臺的機會，就不會過分堅持己見。在互相研究問題時，儘管不同意他的意見或作風，也不立刻予以反對。方法是將問題交由他自行解決。你的信任反而會令他再三反省，怕有出錯之處。如果你實在希望他採用你的方法，可以向他提出一些難題，在他未想到解決方法時，假意做出建議：「也許嘗試這樣做，看看是否管用？」

年輕而富衝勁與理想的男性下屬，往往容易出現處事過於衝動的流弊。他們過分崇拜效率，缺乏對事情的縝密處理，以致工作雖然如期或提早完成，卻出現許多後遺症。不可否認，他們的效率是一流的；如果忽略這一優點，光指出他們的瑕疵，會使他們感到洩氣。可惜有時候，重要的環節給漏掉，又是何等令主管煩惱的事！如果任由他們發展下去，將造成一種習慣，而且下屬無法從工作中得到改進。

面對這類型的下屬，首先對他們的工作效率表示稱讚，然後引導他們審查自己的工作細節。適當時候加以闡釋效率和質素同樣重要的道理。甚至找機會讓他們跟進處理一些後遺症，讓他們知道貪快捷而產生的問題。事實上，處理因疏忽而導致的問題，比處理一項新問題要來得困難。

千萬不要代替那些好強爭勝的下屬，否則他不但不會感激你，反而會抱怨你。

是統帥，不是武將

領導者好比是坐在軍帳裡運籌謀劃的統帥，下屬則好比是上陣衝殺的武將，領導事必躬親則好比統帥跑出軍帳跨上戰馬披起盔甲代替武將上陣衝殺。

人的才能有多種，但作爲統帥來說，識人最重要爲在漢初。項羽勇猛無比，力大能拔山，用兵打仗戰無不勝，而用人不行。劉邦則不然，所以最終得天下者，不是項羽，而是劉邦。何也？劉邦用人識人之才大於項羽，是其重要的原因。

統帥不能靠匹夫之勇，更不能降低自己的身份去做武將之事。統帥要的是熟讀兵書、洞悉全局、知己知彼、多謀善斷、上知天文、下識地理、審時度勢、出奇制勝。自古天下乃韜略爭勝的天下，手中有一批將才，並能使他們充分發揮，這才是統帥的氣魄。

統帥一靠以德服人，二靠對部將的從容駕馭，網羅人才是天才最大的儲蓄，使用人才是天才最大的投資。有了部下那些傑出的軍事人才，他一介文弱書生，也可以武功名世位極人臣。那些人，絕大部分是他或識之於風塵，或拔之於微末，或破格委之以重任，用之任之，不猜不疑。人世間有大大小小數不清的才能，識人用人是一切才能中的最大才能，運用得自如，的確是一樁幸事。

身爲統帥（領導），千萬不要去做武夫（下屬）份內的事，否則不但無益，反而有害。

第十二招

鍾馗

奴才就是奴才
不管他多麼有才幹

奴才總是和人才混染在一起，要有一雙如鍾馗抓鬼般的火眼金睛才有辦法區分，事實上，有的奴才確實也是人才，但在高明的領導者眼中，他們卻是涇渭分明：奴才就是奴才，不管他多麼有才幹。

人類的天性中，很少有一種能夠抵抗住長期諂媚和一貫順從的堅強性。

——英國政治學家W・葛德文

看清奴才的嘴臉

一般在一個辦公室裡面，通常有奴才也有人才；人才是眞正替領導辦事的，而奴才則是想借領導這根高枝攀到更高的地方。目的不同，手段自然各異：奴才型的下屬喜歡溜鬚拍馬，淨揀領導愛聽的話說；人才型的下屬則直來直去，講究原則，不輕易逢迎領導。

因此，作爲一個企業領導，一定要看得清奴才的嘴臉，分得清奴才與人才！

在部屬中，難免會有一些好獻殷勤、喜歡吹牛、拍馬屁的人。這些表面化的討好，通常不難一眼望穿。但也有一些手段高明者，往往令你無法看清他是眞心或故意地討好。對這種棘手的人物，若不提高警覺，就很容易鬧出「國王的新衣」的笑話。

另外有一種難以識破的是——「應付」的討好話語。當主管在爭取部屬的意見時，他們會說些不關痛癢的好話來蒙蔽你。以下我就舉個例子來說明：

某貿易公司的營業處長在開會時說：「每次都是我先說，你們才做，我希望你們不要再如此被動，要自動自發地去工作……」

接著三個科長都表示了意見。劉科長說：「處長說得對極了，真不愧是即將晉升高級主管的人，實在了不起，大家聽了都很感動，決心要好好幹……」

李科長說：「聽了處長的話，我覺得很慚愧，以往我總認為自己已經很主動的在工作，現在反省起來，還是不夠的，處長的話，將使我變得更加積極，謝謝處長的提醒，以後請多指示……」

陳科長說：「我覺得處長說得很好。」

比較起來，就不難明瞭，劉科長是典型的阿諛諂媚者，而陳科長就是最奸險的「應付」型。至於李科長，是正好搔到處長的癢處。只要稍加觀察，就不難發現這三個人的攻心之計。

一個心存正直的人，他的反應應該是這樣的：

多半的部屬，認為處長說得很有道理，但沒有提出實際可行的方案，他們希望能有更具體的說明，所以我在開會後又作了一些補充，能不能請你在下次聚會時，再作更進一層的訓詞。

這一段話，對主管來說，也許相當刺耳，但這才是眞正能促使你反省、改進的忠告，遠比那些諂媚討好的話有用得多，所以，看清奴才的嘴臉，從杜絕諂媚開始。

瞭解眞面目

如何才能瞭解奴才型下屬的眞面目呢？

從前有一戶人家，家裡的桐樹枯了，鄰人就對他說：「枯乾的桐樹，很不吉利。」主人於是將樹砍下，誰知鄰人卻說：「你那棵樹砍下反正沒用，給我當柴燒吧！」主人這下才恍然大悟。

像這種喜歡用策略的人，古今中外屢見不鮮。而在企業界，更是爲數不少，他們通常是以圓滑的說話技巧，來做矇騙的工作，而實際上的行爲，卻往往不是那麼一回事。

爲避免被部屬愚弄，作爲一個主管，要時時注意到下列幾點：

①看得徹底——不要輕易相信部屬的話，或受其言語所感動，應確切瞭解事情的真相。

②反覆思索部屬的話——找出不合理、錯誤或漏洞的地方，加以質問。

③調查行動——部屬是否言行一致，只要一經調查，很快就會知道的。

巧言令色的下屬同樣也可以包含在奴才型下屬的裡面。沒事喜歡說話，是輕浮的表現。通常內在愈空虛的人，說話聲音愈大。所謂「會咬人的狗不叫」，便是這個道理。

總之，那些內在空虛、喜好發言的人，往往會贏得別人的高估，以爲他富於開創性。相反地，對那些心思縝密、踏實耕耘的沈默者，別人著實會擔心：「像他那樣的人，也能做事嗎？」所以，作一主管，千萬不要就外表的印象，對下屬亂下評論，這是最愚笨的行爲。因爲事實證明，平日獲得上司高估的人，一旦遇有重大事件，往往是出乎意外的無能。

主管並不需要會說話的人，而是需要會做事的人，不要被那些口裡說：「你看著吧！」的人嚇壞了。

不要輕信謊言

看看在你的部屬當中，有人能將黑說成白嗎？

「科長，昨天的活動已圓滿結束，盛況空前，所有參加的人，都希望能再有一次機會。」

這時，主管若不進一步追問詳情，很容易為部屬所愚弄了。

「是嗎？有多少人出席？有沒有作記錄？反應如何？」

光是這樣的詢問，還是不夠的。聰明的主管，應該向其他參加的人打聽，詢問他們對這次活動的感想，事後，他就會發現，與部屬所報告的是否相符。

即使部屬的報告不是完全捏造，仍有部分屬實，你也不能接受，這樣會養成他們欺瞞上司的習慣。那些被騙得團團轉的上司，多半都犯了一個毛病，那就是——愛戴高帽子。

像這種人多半以自我爲中心，常作單方面的自我陶醉，在這類人底下作事，拍拍馬屁、騙騙他，是輕而易舉的事。有了這類主管或部屬，對企業界來說，都不是可喜的現象。

一個眞正優秀的主管，在聽取部屬的報告之後，會注意到下列二點：

①冷靜做客觀的事實調查，不被美麗的言辭所矇騙。

②不憑己意，採取三人以上的談話結論，作為依據。

能這樣才不會因誤信謊言，而耽誤了正事。

竭力杜絕謠言

奴才型下屬除了善於編造謊言，還善於編造、傳遞謠言，以達到中傷某些人的目的。對此，作爲領導你要堅決杜絕！喜歡捕風捉影的人，通常只要知道了一點皮毛，就會以自己的方式下結論，而這類人多半也是自我中心較強烈的人。在企業界，有這種毛病的主管，爲數不少。只要稍稍聽到一點風聲或小報告，就會信以爲眞而妄自猜測。

某公司的人事科長，向來有「順風耳」的外號，其情報來源很廣，例如，分公司的人員出差到這兒，無意中說出一些話：「這兩個星期以來，A經理一直都在發脾氣……。」聽到這話，他就馬上撥電話到分公司，向其心腹詢問，又向其他人套話：「近來你們經理和處長是否處得不太好？」

一些不瞭解他的人，就會一五一十地告訴他。他就將這些不確實的消息概略地組織一下，並加上了自己的結論，到處傳播，不知有多少人，就在這種不負責任的謠言之下，做了犧牲者。

喜歡打小報告的人，不可避免的，也會被冠上「搬弄是非」的頭銜。一般而言，一些保守而頗具權威的機構，較易產生這類喜歡造謠的人物。而活潑、民主的公司內，這等人士很容易被一腳踢開。關於這一點，主管的責任很重大，要經常留心流傳於員工之間的謠言，對那些造謠生事者要提高警覺，徹底掃除這種敗類。

萬一不幸，自己成了謠言中的主角，絕不可慌張，一慌張就容易束手無策，成了俎上之肉，任人宰割。應該不爲所動，保持冷靜的態度，只要自覺無愧對他人之處，即可泰然處之。

杜絕謠言，關鍵是如何處理謠言的編造者和有意的傳播者——奴才型下屬。

防人之心不可無

常言說得好：防人之心不可無。在沒有看清奴才型下屬的眞面目之前，預防是最好的保障。

羅科長有一個特別喜愛的部屬李先生，這人既頭腦好，又富於行動力，不但工作能力強，在遊樂方面也很有一手。羅科長對他信任至極，將他視為好朋友，什麼事都告訴他。

可是有一天，羅科長從一個俱樂部的老闆娘那兒，聽到了這些話。「羅先生，你經常照顧我的生意，我很感激，所以想悄悄告訴你，對於你們公司的職員李先生，你可要多加小心。」

原來，李先生常和一些人到俱樂部，一邊喝酒一面批評羅科長，將羅科長平日告訴他的，毫無保留地揭露。而這位科長與俱樂部的老闆娘恰為好友，因而得知。

羅科長聽到後，非常驚訝，因而自我反省，發覺自己對李先生著實過於大意，俗話說：「害人之心不可有，防人之心不可無。」實在不錯。一般人的相處之道，貴在淡如水，對於上司與部屬之間的關係，尤其要避諱的，就是過於親近。

第二天，羅科長一到辦公室，就覺得部屬的工作態度有異，感到疑心重重，老覺得大家都在背後對他指指點點，無法專心工作。這樣下去也不是辦法。羅科長於是再度反省，他覺得自己心胸過於狹窄，輕信他人的話，造成對部屬的不信任感。其實，不管部屬如何在背後批評，作為一個主管，都應該有接受批評的雅量，絕不可因而對部屬產生偏見。

經過這樣冷靜的反思，羅科長也就坦然釋懷了。

把奴才當反面教材

雖然，奴才型下屬有那麼多的不是，但他們也未嘗也沒有一樣好處。最起碼，他們可以成爲一個領導的反面教材。

企業家們在一次聚會上談到了部屬拍馬屁的問題，他們都表示非常厭惡拍馬屁的部屬，但是他們也承認，他們心目中優秀的部屬有很多也是給人戴高帽子的能手，而自己「偶爾」也喜歡聽聽來自於部屬的美言。

不管如何，諂媚阿諛——也就是一般人所說的拍馬屁——是一種卑賤而又下流的行爲；正人君子鄙棄它，小人要拍別人的馬屁也只敢偷偷摸摸的進行。孔子說：「巧言令色鮮矣仁。」從這一句話可以看出孔子對那些以巧言令色拍馬屁的人評價很低。

大部分拍馬屁的人或多或少是帶著投機主義的心理，他們大多是能力不足而有自卑感，自認爲無法用正當的行爲、方法來表現自己的才華，來博取上司的賞識，只好採取另外一種比較容易而又直接的途徑——諂媚。如果這種方法眞的博取了上司的賞識。正直能幹的人必然會因而洩氣，奸佞之徒於是充斥上司的左右。在這種情況下，當老闆的人所聽所聞儘是歌功頌德，所見所視儘是彎腰哈背；沒有人敢說眞話，沒有人肯腳踏實地。團體內的風氣如果敗壞到這種地步，員工的士氣豈能不低落？

人類天性好聽阿諛之言，一個人做了一件事情，自己不知是對是錯，如果有人趁機奉承幾句好話，心神稍微把持不定的莫不因而感到飄飄然，有「深獲我心」的知遇感。換句話說，普天之下能夠「聞過則喜」的人實在不多；聽到別人讚美自己而欣然大悅的倒是不少。在這種心理狀態下，雖然大家明知拍馬屁的人大都不是由衷之言，甚至可能不懷好意，卻仍然願意姑妄信之，自我陶醉。這大概就是大家都說不喜歡部屬拍馬屁，但阿諛之風卻仍然盛行的原因。

企業領導千萬不要被那些「拍馬屁」的人包圍，否則自己會失去用人的客觀標準，而亂了陣腳。

第十三招

激勵

有了高昂的士氣
就等於成功了四分之三

領導者命令下屬去做某件事，不如激勵下屬去做某件事的效果好。其原理是：前者是被動的，後者是主動的。

你若能在他人心中激起一種急切的需求，並能引導這種需求，你便能無往不利。

——德國人類學家W・S・亞佛斯德

不能硬攻，卻要巧勝

俗話說得好：遣將不如激將。換在企業裡面，這句話的意思就是：命令下屬（去做某件事），不如激勵下屬去做某件事。

如要一一根除人的缺點，相信是不可能的，以責罵命令別人改掉壞習慣更是低成效的方法，以激勵替代責罵，可以引導部下控制劣根性惡習。激勵下屬方法很多，例如：

①鼓勵員工發表意見：除令員工有被重視感之外，更能瞭解下屬的潛能。

②注意下屬的優點：不要因下屬的一些小錯而令你忽略了他們的長處和好的表現。如果某員工的缺點成了其他員工的效仿物件，則要把問題向他反映，讓他知道上司一直容忍，是因為他自己的工作表現良好，但如影響其他便要自律了。

③下屬犯錯，上司也有責任：如工作上出了問題，往往反映出工作程序上有弱點。絕不要只追查誰出的錯，更重要的是堵塞程序上的漏洞。

④不要當眾罵下屬：要儘量顧及下屬的個人尊嚴，尤其當下屬本身也有部下時，更不要在他的手下面前斥責他，這只會影響公司日後的整體運作。

⑤偶然借員工生日或節日，請員工吃一頓，以多謝員工日常的幫忙，也是鼓勵士

氣的方法之一。

⑥不拒絕下屬的提議，即使該提議不大可行，仍應讓下屬講解完再提出問題所在，並鼓勵他繼續提出意見。因為一口拒絕員工的建議，會讓員工日後不敢再向你提意見。

你曾夢想過，你所領導的團隊是一支常勝軍，且具有如下的特質，而顯得十分超凡出眾嗎？

①他們加班不拿加班費，只得到一個便當。

②星期日、例假日照常樂於工作，而沒有絲毫埋怨。

③經常出差，從不推諉或找理由拒絕。

④團隊成員對組織目標的實現，有著極為強烈的追求。

⑤他們忙不過來時，會主動請家人、朋友義務協助。

⑥他們永保赤子之心和永不服輸的精神而奮鬥不懈。

⑦視能為顧客服務為至高無上的榮耀。

建議你竭盡所能做好下面四件事情：

①讓工作內容更有豐富性、娛樂性和挑戰性，而且要求高品質的表現。

②部屬不是機器，應協助他們瞭解工作對整個團隊的重要性和意義所在。

③使部屬完全明白你對他們的期望，當他們達到你們雙方決定的標準時，確實能再得到你的激勵。

④努力程度、工作成果和報酬獎賞之間要有明確的關聯性。

在激勵部屬，使他們願意、熱誠有自信的工作之前，你必須先瞭解下述七個基本原則，才能找尋到正確的激勵之道：

①先信賴自己有無限的激勵潛能。激勵起源於「信賴」，確使自己能激勵自己，同時擁有及培育為數可觀的優秀部屬，大家眾志成城，上下一心，實現自己和組織賦予的目標。

②顯露出你的精神。在互動過程中，時時用你的積極行為來鼓舞部屬，讓部屬們受到你精神的感召，認同你的角色，而自發性的增強工作動機及責任感。

③支援上司或組織所訂的目標。部屬們也會看樣學樣，全力支援你，並接受你的領導與指揮。

④訂定目標時，應就部屬的能力，與任務的難易度，做合理、公平的考量。

⑤信賴你的部屬。被信賴的部屬，都會心甘情願地為信任他們的領導者赴湯蹈火。記住，你要在行動、言詞上處處表現出你信賴他們的誠意。

⑥因人不同而激勵方法也跟著不同。每位部屬都是獨立的個體，不要誤認他們的

期待、需求完全一致，否則，你會徒勞無功。

⑦精神激勵與物質激勵因素兼顧。讚美、精神上支援、鼓舞是激發部屬鬥志不可或缺的催化劑，如能和獎金、紅利等物質上的獎勵，環環相扣，最能緊扣人們的心弦，贏得他們全力奮發地投入工作。

用激勵代替命令，眞正的「千里馬」才會爲你效勞。

不琢不成器

不琢不成器；部屬好比一塊原石，領導者必須「雕琢」它，讓它有價値，變成美麗的東西。「雕琢」就是「激勵」的同義語。

有人說：「過度的壓力可以讓天才變白痴。過當的激勵，卻可以讓白痴變天才。」的確不錯，激勵是一種神奇無比的力量。它能使你率領的團隊達成你要它達成的任何目標和計劃。任何人只要學會下列三種方法，就能好好運用這種神奇的力量。

(1)恐懼激勵法

有些領導者特別喜歡扮演「黑臉」的角色，運用懲誡的方式來督促、帶領部屬；不過有時爲了遮掩其恐嚇的本質，另一些領導人偶而也會使用黑臉、白臉同時交叉運用的伎倆來遂其心願。

相當多數的領導者倡導恐懼法的理由，是他們相信利用懲誡方式來造成部屬心理的恐慌，最主要的目的並不在於恐嚇或報復，而在提醒、促使受到懲罰的人能遵守法紀、規章，而激勵士氣。因此，他們一致認爲只要在執行過程中能確切**遵循以下五個原則，恐懼法仍不失爲是一種可以備用的激勵手法：**

①事先告知原則：事前很清楚地公佈並警告那些行為是不被容許的，也讓大家知道違反者可能會受到什麼程度的懲罰。

②即時懲戒原則：一旦發現有違規犯紀的行為，立即調查並明快做出裁決。

③公正公平原則：相同違紀的行為，避免發生有輕重寬嚴不一的懲罰現象。

④顧及顏面原則：懲戒避免在大庭廣眾之下為之，以顧及部屬的顏面。

⑤適可而止原則：點到為止，不要讓受懲罰者長期處在恐懼不安之中。

不過，許多事實證明，恐懼的激勵方法通常只有曇花一現的短暫效果，所以領導者也開始尋找「比較好的激勵方式」。

(2)誘因激勵法

如果將懲罰比喻成迫使驢子向前行的鞭子，那麼，誘因就是引誘驢子拉車向前邁進的胡蘿蔔了。每位領導者都被他的上級賦予一種特權，他可以運用他權責範圍許可內所支配的金錢或其他代替物（獎金、紅利、升遷、加薪）來作爲激勵其部屬的重要工具。

不過，你所帶領的部屬是低薪階級的話，金錢可就不一定是最好的激勵工具了。你必須要給他想要的東西（諸如有意義的工作、關懷尊重、愉快的工作環境等），還有一點，你也要注意到的事實，每個人都有自己生活的重心，單靠金錢這一項誘因並不足以能完全引發他的工作動機，金錢仍然需要和其他引起動機的事物整合一併使用，才能達到最好的激勵效果。

單靠金錢因素並不能完全激勵員工的工作情緒。原因之一，是員工很重視他和他的工作夥伴之間的關係，這可不是金錢能完成取代的；再者，金錢不能激勵員工的另一個理由，則與心理因素有關。一般人在達到一定的經濟水準之後，便會轉而追求其他方向的滿足，對他們來說，那些東西比金錢更具價值。

(3)人性激勵法

愈來愈多的激勵專家舉雙手贊同「單靠金錢一項，並不足以引發工作動機」的觀點，並且一致深信金錢若能和引發「人性」的事物合併一起使用，必可達到最高的激勵效果。因此，誰能夠滿足人們內心深處這股最渴望的需求，誰就是這個時代裡最好的激勵者，就是個成功的領袖人物。

「人性」激勵的四法寶，分別是：

①信任他們。②尊重他們。③關懷他們。④讚賞他們。

善爲上者，不忘其下。你要時時刻刻讓你的夥伴、部屬瞭解你對他們多麼的信任、尊重與關懷，並且具體表現出來，如果能確實做到這五件事情，你將擁有一群世界上最精良、最勇猛的無敵團隊。保證你們進足以勝敵，退足以堅守，屢建奇功，成爲大家欽羨的領導人才。

總之，現在的人們最需要領導者給予他們最豐富的「人性激勵」，足夠的「金錢激勵」和最少的「恐懼激勵」。

沒有任何再美好的事物，會比一群人組織成一個同時兼顧個人目標與組織目標，而有優良績效表現的團隊，更具有挑戰性了。如果你支援、認同這個說法，你一定也是個受部屬愛戴不已的激勵者。

切記，激勵下屬要以人性爲本，切忌過多地採用恐懼激勵和金錢激勵。

讓激勵成為激素

當今社會，誘惑太多，你的下屬很容易對工作失去興趣，失去熱情，造成工作效率降低；這時，你必須想辦法激起他的幹勁，否則長此以往，企業不垮臺才怪！

員工不好好表現的原因，主要在缺乏適當的激勵。對領導者而言，激勵即使不是一種口頭禪，也往往由於誤解激勵而採用了無效的方式。

有些人認爲刺激、鼓舞或開一些空頭支票來描述未來的遠景，便等於激勵。有些人以爲誠懇或坦誠就是激勵，於是把這些與激勵有關的東西當做激勵看待，結果也沒有適當的激勵。更有些人用施壓力來激勵，短暫地提高績效，便自以爲得計。當然，也有些人知而不行，認爲不激勵又如何？不料缺乏激勵，員工便不好好表現，以致績效不佳。

績效不佳的理由很多，然而，大家很容易一下子便把責任推給「溝通不良」或「士氣不振」。其中士氣不振又聯想到缺乏激勵，所以缺乏激勵成爲群相指責的對象之一。

缺乏激勵可能產生的不良現象，例如士氣低落；員工流動率過大；彼此之間漠不關心，沒有人情味；大家厭煩工作，生產力降低；不用心、不專心，到處製造浪費；一動不如一靜，抵制革新；種種因素加在一起，就造成績效不佳的可怕結果。

有位專家將「激勵」比喻成一把寶刀，有刀刃，也有刀背，用得正確，用對地方，用對時機，效果很好，反之則可能傷到自己，危及組織。因此，領導者更須保持著恭敬虔誠的態度，用心學習正確的激勵之道。

「激勵」部屬的第一課，是你自己首先要建立一套正確的激勵理念：

①部屬的動機是可以驅動的。

②絕大多數的部屬會喜歡自己的工作。

③部屬都期望把工作做好、做對，而不存心犯錯。

④每位部屬對需求的滿足有完全不同的期待。

⑤部屬願意自我調適，產生合理的行為。

⑥金錢有相當程度的激勵作用。

⑦讓部屬覺得重要無比也是一種激勵手段。

⑧激勵可以產生大於個體運作效果的績效。

總而言之，不激勵的確不行，有時候，激勵是企業領導給員工注入的「興奮劑」。

要的就是有本事

競爭激勵，具象地說就是「有本事就來拿」。

我之所以主張公正未必公平，乃是基於最有效的激勵精神——公正地提供機會，有本事就來拿。但是機會不夠多，不能普遍地提供，所以不見得公平。

如果機會很多，每一位有本事的人都拿得到，那是眞的公平。事實上機會常常不夠多，甚至往往令人覺得太少，以致有本事而沒有機會的人，不可能拿得到，因此有不平的感覺。「不給我機會，卻怪我沒有本事」，成爲常見的抱怨。「看人家給不給，而不是我能不能」也是經常聽見的藉口。

實施「有能力就來拿」的激勵，首先要求每一個人，都要用心充實自己，使自己具有相當的本事。

能力是什麼？主要包括合理的態度、自主的覺醒、人際的技巧、專業的智慧、自我的定位、以及合作的心理等六大領域，總括起來，可以說是「做人與做事並重」。

做人的本事加上做事的本事，才是我們所需要的本事。一個人只會做人不會做事，固然會造成一團和氣的人際關係，卻可能一事無成，毫無工作成效。一個人只會做事不會做人，很能夠在工作上有所表現，而每做一事便得罪若干人，到頭來把人都得罪光了，處處有阻力。所以好好做事之外，還要好好做人，兩者並重，才是眞本事。

公司所要做的，是把守新進員工進入的第一關，運用正確的方式來愼重甄選員工，確保工作成效的先決條件。新進員工，要用心逐漸深入瞭解，同時給予必要的訓練，並且适才適用，指派合適的工作。提供員工表現的機會，是公司的責任。員工在工作上若無表現的機會，就會覺得厭煩、不妥，不但挫折感愈來愈重，而且可能跳槽離去。

工作的標準，應該明確制訂，然後公正地予以考核。業績優良的，依照規定給予獎勵，以資強化。這一部分的措施，如果做得合理，便能夠發揮激勵的效果。公司提供機會，在員工表現優良時，給予應得的認可或獎賞，使其獲得自我滿足，便是有效的激勵。員工方面，必須徹底地覺悟：拿得到不必驕傲，而拿不到則最好不要怨天尤人，應該反過來反思自己。

拿不到的時候，要平心靜氣，想一想「怎樣會如此？」既然公正而自己又拿不到，必然有一些弱點或盲點，最好再加充電以求突破。下一次拿得到固然好，就算仍然拿不到，也加強了自己的實力，對自己總有些好處。

充電到底是公司或員工自己的責任？答案並不一致。我建議：員工最好明白，充電乃是自己的責任。一個人具備眞本事，任何人都搶不掉，而且一輩子都可用。希望公司培育自己，當然也是一種正確的觀念。不過自己的充電意願高昂，才是充實自己的有力保證。**機會不會一生僅有一次，這一次拿不到，不必後悔。應該針對自己的弱點，力求充實，以便下一次機會出現，好好把握**。不要空自等待，而是把握時間充電，增強自己的實力，隨時有機會，馬上可以表現出來。不等待乾著急，空等待到時還是拿不到。一個人的本事最要緊，不可不利用等待的時間，及時充電。希望獲得合理的激勵，充實自己，實在是刻不容緩。

公司公正地提供合適的工作機會，員工有本事的就可以好好表現，獲得合理的激勵。否則便受到糾正、批評，甚至指責或處罰，獲得負面的感覺。

可是，由於工作機會有限，不能普遍提供。所以工作指派時，只能先讓某些主管認定有本事的人員來表現。於是得不到機會的人，就會抱怨「不給我機會，根本不公平」，因而引起不平之憤。

不公平是事實，合理性也不容置疑。合理的不公平，才是眞平等。把有限的機會提供給有本事的人，可見人是不是有本事，要讓別人來認定。保持良好的形象，乃是一個人有本事的必要表現。適當地保護或增強自己的良好形象，讓主管放心地把機會交給他，才能夠在合理的不公平氣氛中，獲得有利的影響力。

競爭激勵，沒有公平，只有合理。

激勵不要過了頭

激勵要有分寸，有節制，不要走向極端過了頭，反而過猶不及，失去效果。況且，激勵僅僅是領導使用下屬的一種方法，而不是萬靈藥，更不會沒有任何副作用。

從某種意義上說，激勵是一種興奮劑。既是興奮劑，就必然帶來一些副作用，就不能當糖吃。那麼，**在進行激勵的時候，哪些是「服藥須知」呢？**

(1)激勵不可任意開先例

激勵固然不可墨守陳規，卻應該權宜應變，以求制宜。然而，激勵最怕任意樹立先例，所謂善門難開，恐怕以後大家跟進，招致無以爲繼，那就悔不當初了。

主管爲了表示自己有魄力，未經深思熟慮，就慨然應允。話說出口，又礙於情面，認爲不便失信於人，因此明知有些不對，也會將錯就錯，因而鑄成更大的錯誤。

所以決定之前，必須愼思明辨，才不會弄得自己下不了臺。主管喜歡任意開例，部屬就會製造一些情況，讓主管不知不覺中落入圈套。興奮中滿口答應，事後悔恨不已。

任何人都不可以任意樹立先例，這是培養制度化觀念，確立守法精神的第一步。求新求變，應該遵守台法程序。

(2)激勵不可一陣風

許多人喜歡用運動的方式來激勵。形成一陣風，吹過就算了。一番熱鬧光景，轉瞬成空。不論什麼禮貌運動、清潔運動、以廠爲家運動、意見建議運動、品質改善運動，都是形式。而形式化的東西，對台灣人來說，最沒有效用。

台灣人注重實質，惟有在平常狀態中去激勵，使大家養成習慣，才能蔚爲風氣，而保持下去。

(3)激勵不可趁機大張旗鼓

好不容易拿一些錢出來激勵，就要弄得熱熱鬧鬧，讓大家全都知道，花錢才有代價，這種大張旗鼓的心理，常常造成激勵的反效果。

(4)激勵不可顯得鬼鬼祟祟

激勵固然不可大張旗鼓，惹得不相關的人反感。激勵也不可以偷偷摸摸，讓第三者覺得鬼鬼祟祟，懷疑是否有見不得人的勾當。

主管把部屬請進去，關起門來密談一小時，對這位部屬大加激勵。門外的其他部屬，看在眼裡，納悶在心裡。有什麼大不了的事，需要如此神秘？因而流言四起，有何好處？不公開可以，守秘密也可以，就是不必偷偷摸摸，令人起疑。暗中的激勵，我們並不反對，但是神秘兮兮，只有反效果，不可不慎重避免。

(5)激勵不可偏離企業目標

凡是偏離企業目標的行爲，不可給予激勵，以免這種偏向力或離心力愈來愈大。主管激勵部屬必須促使部屬自我調適，把自己的心力朝向企業目標，做好應做的工作。

主管若是激勵偏離目標的行爲，大家就會認定主管喜歡爲所欲爲，因而用心揣摩主管的心意，全力討好，以期獲致若干好處。一旦形成風氣，便是小人得意的局面，對整體目標的達成，必定有所傷害。

目標是激勵的共同標準，這樣才有公正可言。

(6)激勵不可忽略有效溝通

激勵必須通過適當溝通，才能互通心聲，產生良好的感應。

例如公司有意獎賞某甲，若是不徵求某甲的意見，便決定送他一部電視機。不料一周前某甲剛好買了一部，雖然說好可以向指定廠商交換其他家電製品，也造成某甲許多不便。

公司如果事先透過適當人員，徵詢某甲的看法，或許他正需要一台電動刮鬍刀，那麼公司順著他的希望給予獎品，某甲必然更加振奮。

溝通時最好顧慮第三者的心情，不要無意觸怒其他的人。例如對某乙表示太多關心，可能會引起某丙、某丁的不平。所以個別或集體溝通，要仔細選定方式，並且考慮適當的仲介人，以免節外生枝，引出一些不必要的後遺症，減低了激勵的效果。

上述有關激勵的六大原則，身爲領導者必須牢牢記住！

巧用激勵，隨機應變

激勵是不能一成不變的，它必須根據不同情況靈活實施，體現一個變字。首先，應該根據需要而變。

假設人有五種不同層級的需要，依次爲生理需求、安全需求、所屬與相愛需求、尊重需求以及自我實現需求。當較低層級的需求獲得相當滿足，次一層級的需求便會主宰這個人的行爲。

這五種需要，事實上沒有那一種需求可能完全得到滿足，但是相當程度的滿足之後，這一種需求便不再具有激勵作用。激勵時必須瞭解被激勵者的眞實狀況，才能夠判斷他具有什麼需求。如果有適當的仲介人選，不妨透過仲介與被激勵者溝通，然後依據他的需要，給予合理的激勵。

組織中不同階層的成員，也有不同的需求。一般而言，高階層比較希望大家尊重他，讓他覺得自己的確很高明，所以有不同意見，最好不要當面頂撞他，否則他就會惱羞成怒。但是也不能不告訴他，不然他也會懷疑有人要看他的笑話。必須單獨委婉地規勸，使其認爲自己在改變。

中階層要告訴他目標，讓他自己去找答案，把細節想出來，他才會舒暢。如果給他問題，同時或很快又給他答案，他就會失望，認爲自己的能力受到低估。若是他想不出來，可以給他一些啓示，還是要他覺得自己找到答案。

基層要清楚一點告訴他應該怎麼做，做到什麼程度就會滿意，最好有工作規範讓他按照規定去完成。成果符合標準要表示贊許，使其更加努力。

時間不同，激勵的方式也有差異。平常時期按照一般激勵，不必採取非常手段。除非發現原來的方法已經日久無效，這才全面更張，改採新的方式。

忙碌時期大家難免火氣較旺，耐力較差，這時要特別加以寬諒，不必計較細節，使大家得以忙而不煩。緊張時期情緒不安，主管經驗較爲老到，應該設法給予安慰，儘量疏解大家的情緒，千萬不可以火上添油，更增各人的緊張氣氛。危急時期有時需要特別措施，應該賦予更大的信賴，使其放心去做，否則他心裡害怕，勢必下不了決心。救亡階段正是重賞之下必有勇夫的時刻，惟有重賞，才有拼死把公司救活過來的毅力，不可吝嗇。單獨相處，比較不容易引起面子上的難堪，可以諄諄善誘：主管規勸部屬，或者曉以利害，最好單獨進行。

對上司忠言勸諫，如果欣然接受，就部屬而言，也是很大的激勵。不過最好選擇比較隱蔽的場合，不必讓第三者看見；若是不熟悉的生疏環境，更要留意隔牆有耳，以免流傳出去造成對己不利的阻力。

公開場合應該互相尊重，大家都有面子，否則已經造成反激勵。尤其應該重視職位、性別或關係親疏，表現適當的態度。熟悉的場合，要引導較爲陌生的同仁，使其覺得相當親切。如果是私有的場合，例如同事的家，就應該主客分明。因爲來者是客，不論其爲上司或部屬，都要給予合適的招呼。任何場合，都可以配合身份實施激勵。

激勵必有反應，良好與否，乃是繼續或調整的關鍵。反應熱烈的時候，要不知不覺中把大家誘導到目標方向，使眾人的力量得以匯集。過分熱烈，有時還需要稍加冷卻，維持合理的程度，切勿把人力過度使用。

反應平平，要檢討原因，找出癥結所在，給予適當的調整。反應冷淡，同樣要找出原因，然後對症下藥，予以化解。務使激勵所產生的反應，符合預期要求。若反應欠佳，那就應該修正激勵方式，從場合、身份、時機、情勢等方面來考慮，求取適切有效。

如果反應惡劣，要馬上停止。不能一意孤行，非堅持到底不可。透過適當人選，徵詢有關人員的意見，待其反對情緒稍爲冷卻，再做處置。

形勢的優劣，會影響激勵的功效。要激勵居於劣勢的同仁，只要適度看得起他，表示好好工作，便不會辜負他，甚至可以用先柔後剛的方式，讓他覺得敬酒不吃吃罰酒，他也會提起精神，努力振作一番。至於居於優勢的同仁，難免自視頗高，必須儘量採取低姿態，使他覺得備受禮遇，甚至還要給予一些額外的好處，他才會不好意思而盡心盡力。

如果是雙方勢均力敵，最好的辦法，是率先尊重他，讓他戴上高帽子，他就會覺得自己好像眞的高人一等，因而顯現若干本領。面對下屬，要特別注意「能發也要能收」，如果控制不住，最好不要過度激勵，以免一發而不可收拾，反而造成對己不利的形勢，在下屬面前喪失權威，這就得不償失了。

搞活激勵機制

激勵是一門藝術。作爲一個領導者，應當學會用藝術的方法對下屬進行激勵：

(1)明暗分開

激勵可公開或暗中進行，兩者都以正當而合理爲適宜。

凡是大家看法想法一致，不易引起眾人反感，可公開激勵，目的在獲得大家的良好的回應，以擴大影響。若是見仁見智互異，而又非獎賞不可，便暗中進行，以減少誤解或不滿。有些行爲例如維護公司信譽而與外人打架，應該私下感謝，以防群起仿效。

普遍性的，可公開實施。特殊性的，除非眾所公認，否則以暗中爲宜。牽涉到個人榮譽的，私下激勵；單位或團體榮譽，公開表揚。有關苦勞的獎賞，大家差不多，公開。有關功勞的獎賞，彼此相差頗大，最好暗中給與以維護較差者的面子，激勵其下次努力趕上。公開等於撕破臉，用「無所謂」來因應，就失去激勵作用。

(2)公私分明

公家的金錢，做私己的人情，這是一種明得暗失的算盤。受惠的人，一方面感激，一方面有樣學樣，公私不分明。其他的人，看在眼裡卻怨在心裡，既然是公家的錢，爲什麼不索性多花一些，連我也照顧在內？

激勵者存心接受回饋，當然施恩望報。這種私相授受的激勵，不可能眞誠持久。必須心中沒有施恩的念頭，更不希望個人獲得任何報答，才有實效。既然如此，就用不著假公濟私，以致公私混亂，甚至以私害公。

私人的事宜應該明說，花用自己的錢也要表明。不必墊私錢辦公事，否則也是公私不分明。私人恩怨不能公報，私人請託不能利用職權，更不可以存心勾結以圖謀私利，因爲公私不分的激勵，到頭來必然公私兩蒙其害。

(3)順逆分清

請將不如激將，有時逆的激勵效果更爲宏大。不過完全逆取，也不見得有效。順逆之間，必須小心衡量。

有些人順著請他幫忙，他會推三阻四，勉強答應，也似有天大人情。最好用反激的方法，故意把問題說得十分困難，暗示非他能力所能勝任，激他毅然自告奮勇。有些人老於世故，便要順著激勵。先說明他的長處，以引起知遇之感，再表示借重他的才華，請他不必顧慮太多，他就會朝氣勃發，鼎力相助。

關係很重要，交情不夠不宜隨便逆取。夠交情，好像順逆都能奏效。不過看場合、看情況、配合著考慮，該順即順，應逆即逆，求其效果最佳，而且後遺症最小。以自己的優勢力來攻破對方的弱點。則順逆皆有所宜。

(4) 剛柔並濟

用剛硬的方式來激勵，多半建立在利害的基礎上面。以柔軟的方式來激勵，則偏重於情誼。以情誼做出發點來實施激勵，效果較佳。所謂柔能眞剛，正是此理。

柔不表示膽怯怕事，也不是推、拖、拉、敷衍了事。柔是用眞誠的愛心來感應，使對方從柔中發出一股強烈的意願，自己奮發有爲。

剛是一種果敢的作爲，具有短時間的爆發力，當做非常的手段，比較有利。剛硬之後，如果再以柔軟來安撫，更能得人心。不可存心殺一敬百，應當處罰到什麼程度，若是難以判斷，最好從輕。應當賞到什麼程度，假若難以判斷，最好從優。若非證據確鑿，寧可從輕發落，不宜輕率冤枉。剛柔並濟，所重不在懲罰，而在教化。

(5) 動靜並用

動靜不是兩種相反的狀態，而是從此互相過渡的。動中含有靜態；靜中也有動態。活動過程多半比較引人注意，而活動前後的企劃，準備及溝通、協調，則容易被忽略。激勵者不可由於自己看得見的動態便加以重視，卻對自己看不見的靜態予以輕忽，以免厚此薄彼，招致不滿。

對於動態的激勵，必須掌握時機，把握重點，以配合活動的進行。靜態的激勵，可以定期或不定期在結束或過程中，指定專人或由某些人交互實施。無論動態、靜態，都要給予合理的激勵，使大家明白動態、靜態各有其貢獻，並無輕重之分，因而分別努力，共同朝向目標。

動態應注意機動配合，靜態要普遍照應。前者重在時機，後者重在人員。動靜都要掌握人心，所以力求合理。

(6)大小並重

大小兼顧，才能夠賞罰平衡，做到賞當其功，罰當其罪的地步。罰要向上追究，不論地位如何高貴，有過失就不能掩飾或開脫。賞應普遍推及基層，地位再低微，有功就不能忽視或遺漏。大小並重，賞罰明快，才具有激勵效果。

大功勞要隆重以示禮遇。小功勞也要重視，因爲輕忽小功，大家就會希望奪取大功，以致小問題乏人注意，勢必釀成大禍害。大事應予特別獎勵；小事也宜合理獎賞。職位高的固然要禮待他；職位低的更不宜輕視他，以免引起反感。一大堆人受獎，要大場面，大家一起接受激勵；少數人或單獨一人，不妨視實際情況，或公開或個別給予激勵。

在手腕高明的領導者眼裡，激勵實在是一門絕妙的藝術，玩之於心，用之於行，無不賞心悅目！

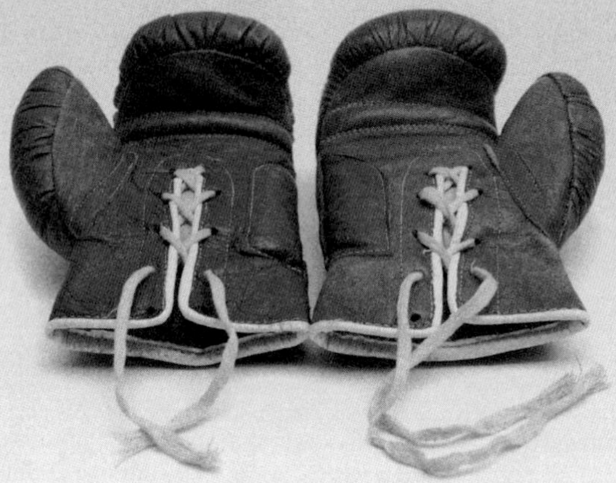

第十四招

扶植

把下屬當作自己影子的上司是最愚蠢的

在某些領導者的眼中，既然是自己的下屬，那麼他的頭腦裡創造出來的東西（如創意、構思）當然不會有多大價值。這是領導者壓抑下屬創造的動機之一。

長期固定從事某一工作的人，不論他原來多麼富有創造性，都將逐漸喪失對工作內容的敏感而流於循規蹈矩。

——日本早稻田大學

切莫壓制下屬的靈感

不可否認，你的下屬在工作中常有靈感突現，產生一個絕妙的構思；這樣的靈感和構思也許是微不足道的，但是，作爲領導對此卻不可以忽視，更不能故意壓制，用這樣的話打擊下屬：「不要胡思亂想！」

這樣一來，你的下屬下次再也不敢了，整個公司逐漸彌漫一股保守的氣氛，沒有發明，沒有創造，也沒有生機！並且，產生靈感的由於大都是些年輕人，領導的壓對他們的打擊尤其嚴重，很容易挫傷他們的自尊心。

現在的年輕人，很討厭被前輩們所「驅使」，而常常反抗。原因之一，是他們根本自始就沒有讓別人「使喚」的觀念。認爲自己不應被前輩使喚，而是當他們的「夥伴」，一起工作。所以以後要當主管的人，一定要擺脫以前的主管所抱持的「執行系統」的觀念。

在現代，互相起共鳴是很有必要的。有了共鳴，上下之間才能合作無間。這種共鳴不一定是在彼此所屬的組織上或所做的工作上，對人生、興趣、運動等等都可以。總之，如果彼此能投合，便有強烈的共鳴，從此產生和夥伴一起工作的欲望。

此外還有一點，所謂的創意，原沒有前輩、後輩與年齡之分，完全是依每個人的資質而有所不同。所以即便是你的部屬，也不能輕視他，往往後進人員的創意是你意想不到的出色。所以，當後進人員提出什麼構想時，你不能一笑置之。這些初步的構想裡往往蘊藏著偉大的發明，你不要粗心地忽略掉了。

因此身爲主管的你，對後輩們突如其來的靈感，要予以關心，幫助他們發展出更好的構想。你關心後進，不但可幫助他們發揮創造力，而且也可以擴大你自己的成就。

如果你不懂得這些道理，不懂得領導部屬的方法，那麼你是無法更加出人頭地的，甚至，你連保住目前的位置都很難。

不作無謂的非難

既然是創造，肯定有成功也有可能失敗。如果下屬的創造成功了，你當然應該獎勵他；反之，你卻不可以嘲笑、打擊、非難他！

一般主管都認爲，對於部屬的失敗，假使視若無睹，不加以斥責，則不能使部屬有所警戒，可能以後還會重蹈覆轍。因此，一定要追究失敗的原因，促使他本人反省，所以斥責是必要的。

然而，「斥責」和「非難」二者之間，是有若干差別的，最主要的，在對方的感覺上，「非難」具有攻擊的意味，而攻擊別人的失敗，大概都不會產生好的結果。

只要是人，誰不會有失敗的時候？本來就是無數的失敗所形成的，誰又能去責備他人呢？更何況失敗者本身，已陷入極痛苦的狀況，若再加以非難，只是徒增其懊惱而已，於事何補。假使他能從失敗中記取教訓，作爲下次行事的借鏡，終而邁向成功，那麼，他最初的失敗，反而是應該給予獎勵的。

如果是被一位足以信賴或仰慕的上司斥責幾句，通常部屬是不會生氣的，反而會自我反省，努力工作以挽回局勢，期待下一次的表現能博得上司的賞識。因爲他知道，上司的斥責，只是針對他的工作，而絕非在損傷他的人格。

對於新進部屬，詳細的指導工作是不可缺的，但在他們受過訓練之後，就可一腳將他們踢下千仞的谷底，教他們在谷底中歷練與成長，經過在谷底的痛苦掙扎，他們就會慢慢茁壯。因而，失敗是可喜的，從失敗中，才能徹悟工作的眞正意義與人生哲理。身爲主管，不要輕視任何一個失敗者，要相信他們有足夠的能力去克服失敗，從失敗中站起來。

當下屬的創造受到了挫折，領導者正確的做法是鼓勵他，而不是打擊他。

不必幸災樂禍

雖然每個人都從心裡面希望別人倒楣，自己幸運；甚至希望別人從地球上消失，或者至少不希望他有那麼多的快樂。這種心理，人們大都會有。

例如，你加薪了!這時候不動聲色，你將眞正快樂無比。若是你抑制不住那種興奮的衝動，一說出來，即使你交代：「切莫告訴別人喲！」而他也告訴他的同伴：「切莫再傳出去唷！」可是，覆水已難收，這個關係到彼此同事間利害的消息，沒有不走漏出去的理由，甚至傳播的速度令人難以想象。每個人心裡都在問：「憑什麼他能加薪?爲什麼他升級了?我哪一點不如他?」或者「是不是他走了什麼後門?」無論如何，今後稱心如意的不再是你，因爲你的衝動爲你佈下了重重的危機。在這種疑雲密佈的氣氛下，想維持原來的友誼都很困難了。這樣一來，不管你再如何表現，原有的升遷機會將受到多方威脅，即使你脫穎而出，當上了主管，又如何帶領這些部屬?又如何能快樂得起來呢?

在公司裡，一般看起來都是平靜的，甚至是一團和氣的。然而，猜疑與妒忌可能隱伏在一些人的心裡，就像是汪洋大海中隱伏的暗流，隨時都會興風作浪，齧噬人心，混淆了眾人的耳目。請注意!一句不經心的話，都足以破壞原先的友誼。

人通常爲悲傷的事可以偷偷地獨自哭泣，遇到興奮的事就無法掩藏那份打自內心的得意，這也就是我要提出這點忠告的理由。如果你想成爲主管的話，便不能忽略這點!

現在你已經成爲主管了，就更不能這樣，否則誰也不會眞正地尊敬你。說不定有一天你倒楣的時候，你的下屬也會在旁邊幸災樂禍。

給予適當的獎勵

對於部屬，不管是多麼小的構想，或微不足道的用心，只要一發現，就要給他適當的獎勵。即便是簡單的一句「謝謝」，部屬也能感覺到上司關懷的心意，一點小小的激勵，可促使員工更加努力，只是簡單的一句話，就能使他連回家的腳步，都變得輕快起來。

一般主管，對部屬工作的要求條件，大致如下：

①工作是否達到目標？

②對利益有無貢獻？

③是不是進步了？

④有無造成損失？

有些主管，硬將這幾點作為評價的標準，未能同時達到的，就不加以誇獎。但我相信，能同時合乎這些標準的部屬，幾乎是沒有。事實上，只要能達到其中的任何一項要求，就應當給予褒獎。

某電器公司經理張，時常到各工作場所仔細地巡視，一發現工作賣力，或者花了腦筋設計精密構想的員工，就在全體員工集會時，當眾加以讚揚。數年後，這公司的一位退休員工來我家，和我談起這件事，他說：

「幾年前，我曾為公司設計出一種防止工廠的木板腐朽的方法，因而獲得了張經理的獎賞，當他在朝會上提到這件事時，我很吃驚，也很感動，覺得死而無憾，非常滿足。而且，在這次退休歡送會時，經理又再度的提起這件事，我忍不住流下了眼淚……」

的確，士爲知己者死，我深深感到，擁有這位部屬的張經理，是很幸福的。相信他的部屬也會覺得，有了這樣的主管，是更加可喜的。

如果你是領導，你想不想成爲這樣的主管？

如果你是下屬，你願不願意在這樣的主管手下工作？

重視相反意見

鼓勵，是領導對待下屬的創造的正確態度。即便下屬的創造、構思和提議不符合你的標準，甚至和你背道而馳，也不要輕易否決。

下面提供幾點意見，作爲領導自我檢討的參考：

①是否誠心徵求部屬提出和自己不同的意見？

②是否於部屬未發表任何意見前，即說出自己的結論？

③是否能輕鬆地在上司面前，提出與他相反的見解？

④是否時常努力作多面性之思考，並獎勵部屬如此做？

此外，尚有一點必須特別注意：當部屬A、B二人各提出不同的方案時，若決定採用A案，則對B的態度必須委婉。

「A較好，你差了些，故我採用了A。」若如此說明，不但嚴重地傷害了B的自尊，更難讓他心服。應該告訴A和B說：「二位辛苦了，今後有需要的地方，還是要請你們多加幫忙。」如此即使提案不被採納，也會覺得辛苦是有代價的。

最要不得的是：明顯的讓部屬有勝者與敗者的感覺，這樣將造成他們之間的隔閡，甚至產生敵對的態度，如此在人事管理上，將成爲一大敗筆。

鼓勵下屬，莫過於給他一個擔當重任的機會。

一般主管對新進的部屬，都懷有警戒心，所以，通常只讓他做些雜事，將他放置一二個月。像這種作法，是不能使他成長的，應該一開始，就使他獨當一面，盡可能讓他去表現，即使交付重任也無妨。萬一失敗了，就請他負起責任，或向有關部門道歉，或追究失敗原因，及處理善後。總之，這一切責任，都要由他一肩挑起，如此，才容易長進。若是成功了，一定要給予應得的獎賞與褒揚，這是千萬吝嗇不得的。

年輕人有一好處，對於失敗從不畏懼，在他們心目中認爲，沒有任何失敗是不可挽回的。因此，他們不推卸責任。所以，當趁他們年輕時，多讓他們擔負責任，要他們失敗就重來，培養再接再厲的毅力，他們才會逐漸成熟。像這些，對年紀大的人來說，是很難辦到的。讓年輕部屬擔當重任，並不意味著自己的責任減輕，反而會增加心理的負擔與責任，但千萬不能因爲怕心理負擔或麻煩，而放棄這項教育部屬的義務，這樣，是不夠資格當主管的。只有這樣，你的下屬才能不斷有創造，不斷有靈感。

適當地鼓勵冒險精神

創造從某種意義上說就是一次不同尋常的冒險，對這種冒險精神作爲主管不但不應壓制，反而要熱情支援、鼓勵！

有些人認爲，當下定決心做或不做一件事情之前，要先仔細調查。然而，往往愈仔細就愈當心，以致最後結論是——不要冒險。即使是在事前經過詳細調查，但仍無法完全做到防範危險的可能，因此，在做一件事情時，倒不如具有向冒險挑戰的精神與決心，反而更能克服困難。

的確，「當心」就不足以成事。冒險需要有勇氣與資本（這裡所謂的資本，即指上司的援助，或部屬的協助），不能單憑感覺或運氣，去克服冒險。但也不能著實的經過計算之後再行事，否則，就不能稱之爲冒險。若能從不確定的情報中，靠著某一種靈感去冒險，才能有成功的機會。

身爲主管，當面臨這種冒險時，同時會成爲上司及部屬嚴厲批評的目標。然而，眼看著大好機會，因畏懼冒險，白白的給其他公司占了便宜，更是得不償失。

俗話說的好：「多一事不如少一事」，由可此見，多數人都有「不做不錯」的觀念傾向。因而，如何鼓勵他們多做，則與公司之作風，或上司之性格，有很密切的關係。

冒險是創造的本質，鼓勵冒險就是鼓勵創造！

行動是最好的説明

對下屬的創造性的構思，作爲領導僅僅鼓勵還是不夠的，還要有立即把下屬的構思付諸實施的勇氣和氣魄，切莫以爲這是部屬的構想，有損自己主管的面子，或等以後再做。如此，將會失掉大好機會。

「我不做，誰來做？現在不做，什麼時候再做？」某家機械工業分公司的主管，就將上面的話作為座右銘。這兩句話雖不含什麼大哲理，但卻相當具體而真實。

這位主管，幾年前曾為了要實行某一構想，而想與總公司有關部門洽商。這時，人事科長卻說：「可能會被反對，而我們又無法説服他們自信。」

企劃科長接著說：「若要整體施行，則有些部門會發生不適合現象；而長期做下去，又容易產生困難……。」

而營業科長也說：「既沒預算，規制又不完備，而且亦無前例。我看先去探探總公司那邊的意思及顧客的反應再說吧！」

結果，這個構想就在意見分歧的情況下而作罷了。不久，被同業的其他公司搶先做了，枉費了此一構想。

這些科長所說的話，大體說來並無錯誤，只是眼光太過狹窄了。他們是本著「不做不錯」的原則，又想十全十美，因而坐失良機，貽誤了大局。

這個主管經過這次教訓後，深切體會決斷的重要性——「必要時由自己決定即可，只要觀念正確，不需要考慮太多。必須貫徹實施，否則將會抱憾終身。」因此，以後只要他感到猶豫不決時，便看看壁上這兩句話，而自問自答。結果，大半都能獲得滿意的解答。

「即使未能完全實現，但因心裡想的已經做到了，便會產生一種滿足感。」的確，有時內心的意願，並不能完全付諸實現，然而，「咒罵黑暗，不如點燃蠟燭」，即使是再小的起步，也是值得的。

第十五招

育才

最了不起的人
是後繼有人的人

在我們的想像中，外面的世界總是很精采，而自己身邊的一切則單調、乏味得很。實際上並不是這麼一回事。這種錯覺對我們凡人影響並不大，但作為領導者犯這種錯誤卻是致命的：身邊的人才都將會離開。

如果培養不出取代你的人來，那麼當機會來到時，你就無法沿著事業的階梯拾級而上了。

——法國管理學家H·雷納茲

捨近求遠，大可不必

有的領導身邊明明有不少有用之才，但卻視而不見，身邊有才說無才，甚至產生「牆內開花牆外香」的反常現象。究其原因，往往是在「注意力」上所產生的偏差所致。

心理學認爲，「注意力」是人的心理活動對某種事物的指向和集中。注意力集中的事物，印象則深，而對其他不大注意的事物，反映則比較模糊。這種注意力上的模糊區，在對人的識別選拔上，或者表現爲「外來的和尚好念經」，選拔人才只是眼睛向外，對身邊的下屬，認識反應遲鈍而麻木，出現下屬在家是隻蟲，出去是條龍的現象。或者出現選拔人才只強調學歷而忽視能力的偏頗。另外，還經常表現爲對人德才情況的偏見。注意力不同，看問題的角度不同，結論也不會相同。有人視爲先進的事蹟，有人卻視爲弱點和不足。自然界中，一叢鮮花遠看美不勝收，近看未必盡如人意。

由此可見，對人的識別選拔，如果不能做到拓寬視野，一覽無餘，而是形成一種視角盲區和注意力上的模糊區，則很難做到公正和準確。

事實上，患「近視」的領導身邊的下屬並非庸才，領導本人才是眞正的庸才！

緣木求魚是「低招」

現在幾乎每一個企業領導都知道，想搞好一個企業，沒有人才是不行的，因此用「求才若渴」形容他們的心情並不為過。但是，也有的領導過於執迷於尋求人才了，以致走入了捨近求遠的誤區而不自知。

一般主管最感頭痛的，就是人事管理的問題，尤其在定期的人事變動時，更是茫然不知取捨，往往新調來的人員並不合理想，這是常會發生的事。因此，惟一的辦法就是——訓練他們。

以前有很多人向伯樂（古時識千里馬的能手）討教辨別馬匹的方法，伯樂對自己喜歡的人，就教他鑒定駑馬的方法，而對討厭的人，才教他如何鑒定名馬。因為名馬少有駑馬過多，所以辨別駑馬較為有用。由此也可見，優秀人才是可遇而不可求的。

因此，不要將你的標準訂得太高，否則你將永遠活在失望中。下列這幾類人物，是我認為較差的，將它列出來，供各位讀者作個參考：

①請假太多或懶散的人。

②撒謊，喜歡揩油的人。

③缺乏理解力的人。

④脾氣暴躁的人。

除此而外，對一些在某種程度上的小缺點，是可以原諒的。例如：有點任性或粗俗、喜歡佔小便宜等，對這些小缺點，作主管的只要稍微指正一下，還是可以改進的。

不要執迷於尋求人才，要儘量使用眼前的凡才，好好加以鍛鍊，只要你花了心力，相信有一天，他們也會超群絕倫的。

多一次寬容，多一份理解

治療領導「近視症」的唯一辦法，就是對下屬多多理解，多多寬容。

尺有所短，寸有所長，人有其長，必有其短。從群體看，人才難得，是人才必有出眾之處；而從個體看，人才又有他的獨特個性，他們一般不會隨波逐流，趨炎附勢，但常常對上司不親不熱，敬而遠之。雖然這種心理不是一種美德，但畢竟是一種現實的存在。大才者常不拘小節，異才者常有怪癖，恃才自傲往往是個通病。人才常常優點越突出，缺點也就越明顯。好馬有千里賓士的長處，也有落拓不羈的缺點。奇人奇才既有大志雄心，往往又恃才自傲，不流俗隨眾，對這種人才求全責備，勢必會將其埋沒。

所以，用人不易，容才更難。有的領導人身邊雖有人才，但他們之間矛盾重重，關係緊張，有的人才本來是領導自己選來的，但過不多久便後悔不迭，最後不得不想方設法將他調離。觀察可見，在許多情況下，一個心胸狹窄的領導者所耿耿於懷的往往不是人才的缺點，而是人才的特點。既是人才，必有他自己的獨到見解，必對自己的觀點、見解及才能充滿信心，因而不會輕易附和領導的意見。既是人才，由於忙於求知做事，自然沒時間和精力去拉關係，走後門，有的甚至不懂人情世故，有的不知社交禮儀。有時會不顧領導情面，不分場合地點直言不諱，這些恰恰容易被人視爲「狂妄」、「傲氣」。

用人的領導者應該具有容人的度量，善於理解和容忍人才的缺點和短處，肚能撐船，虛懷若谷，不能小肚雞腸，斤斤計較。至於那種嫉賢妒能，「武大郎開店」，容不下高於自己的人，看似是無容才之量，實質是無愛才之心。這種人嚴格地講，根本沒有資格當領導。

一個高明領導人，對於下屬人員要善於在信任中運用他，以充分發揮他的積極性。下列經驗可供參考：

①用人要做到工作與才能相適應。要瞭解下級能幹什麼，從而委派到最能發揮其特長的地方，揚長避短，發揮人才優勢。

②工作與人的性格相適應。把不同性格的人放在不同崗位上，不僅各得其所，各遂其志，更有利於長處的發揮。

③在人員搭配上，要運用知識互補、能力互補與性格互補的原則，以便互相取長補短，共同提高。

④要定時進行必要的人員交流。

⑤注意人才的培養，肯在人才的教育上投資。

⑥要做到用人不疑。用人就要信任他，放心大膽地讓人家去工作。

對於聰明的老闆來說，企業的人才就好像自己賬目上的金錢，要做到心中有數，並運用恰當，他可以這樣做：

①對每一種工作進行精密的分析，確定工作的性質，難易程度，所需學歷、能力、經驗等，據此安排適合這項工作的人，使其能發揮專長。

②經常瞭解人才使用的情況，對安排不當、學非所用或大材小用的要進行必要的調整。

③在滿足企業需要的條件下，允許個人根據自己的特長、愛好，選擇職業。

④從各方面愛護人才，給與與職務或職稱相適應的工資待遇，提供較好的工作條件和生活條件。

⑤要加強對各類人才的管理，建立起一套行之有效的人才選擇、使用、保護、交流、升降、培訓等制度。

只有這樣的領導、主管或老闆，才是眞正理解人才、寬容人才的。

提高用人的效率

要提高用人效率，領導必須改掉「近視」的毛病，眞正做到用人不疑，疑人不用。領導者要有正確的用人態度，有清醒的用人意識，有堅定的用人信心。要愼重期待各方面的反映，不因少數人的流言蜚語而左右搖擺，不因下屬的小節不謹而不予重任。

作爲領導者，要眞正做到用人不疑，必須注意下列三點：

(1)放開手腳讓下屬幹

放手讓下屬去幹，除在宏觀上指導外，不要隨時隨地指手劃腳、婆婆媽媽，使下屬無所適從，完全變成木偶；更不要讓下屬站在一邊歇息，自己去辛辛苦苦幹下屬應當幹的事，這是費力不討好的愚蠢的「好心腸」作法。

(2)將心比心替下屬著想

下屬有時也與領導者意見不一致。有時也可能不接受領導所分派的任務，有時也可能對領導者分派的任務完成不好。這時千萬不要認爲下屬是不服從領導、是不合作、是沒有本事。要冷靜下來，替下屬著想，下屬也是人，也有思想，也有情緒，也要受到主客觀條件的限制，認眞地和顏悅色地瞭解清楚後再行定奪。

(3)表裡如一讓下屬安心

領導者應與下屬時時溝通思想，有話「當面鑼、對面鼓」地交談，領導者切忌背後亂說下屬的流言、壞話。另外，受領導信任者往往遭人嫉妒，往往是流言蜚語攻擊的物件，特別是挑撥領導者與受信任者的流言蜚語，領導者更應謹慎對待。

聰明的老闆對於公司的人才情況要心有數，**下列方法有助於提高企業的用人效率：**

①要提高自身的素質和修養。

②知人善任。做到知人、識才，在安排崗位時使人「各得其所」。

③用其智勝過用其力。事實證明，用人的智慧比用人的氣力更重要。

④恩威並用，寬嚴相濟。

⑤注意人才的儲備與修養。

⑥注意人才的合理流動，達到最佳的人員結構。

加強工作培訓的力度

捨遠求近，第一件事就是要重視對下屬工作崗位的培訓。

樹需栽培，人待培養，人的成長與進步，除了自身素質和主觀努力之外，處在良好的環境中，並得到領導及組織的正確培訓，不能不說是個重要因素。因此，領導的職責之一，是在用人的同時，不忘有意識地進行培訓教育。

除了育才之心是不夠的，還應研究掌握育才之術，即育人的有效方法，要自覺地在工作中循循善誘，啓發引導，言傳身教，潛移默化；要注意爲下屬施展才能、成長進步提供必要的條件及環境；要在下屬困惑與挫折時，及時給予不爲人知的支援與幫助；要不斷給下屬施加工作壓力，以防止他們驕傲自滿，故步自封；要允許和提倡下屬犯「合理錯誤」，讓他們在磕磕碰碰中成長進步。

培養人的方法有許多，培訓人才的途徑也不限於一二，但最有效的培養乃是工作實踐，沒有什麼培養場所比工作崗位更理想。通過具體的工作進行有目的、有針對性的培養，才可稱之爲眞正有效的培訓。

所謂工作中培訓，可根據實際工作需要，調整分工，讓下屬去從事未幹好或沒接觸的工作，促使其開動腦筋、積極思考，提高工作能力。同時，也可以從中發現其缺點和弱點，採取有針對性的培訓措施。例如，要培訓下屬具有過硬的思想作風，可安排他到艱苦崗位、複雜環境和涉及切身利益的場合進行鍛鍊，通過考驗，看他們是否具有公僕精神，是否具有實事求是說眞話，不圖虛名做實事的品德，是否具有大公無私，堅持原則、不講關係講黨性的品德。在此基礎上，再進行有的放矢的培養教育。

對那種已大體熟悉和掌握現崗位本職工作要領，並能較好地完成工作任務的下屬，要不失時機地交給他未曾接觸過的新工作，同時進行適度的指導。對陌生工作感到畏難的人，要教育他們樹立只有做才能提高能力的觀點，樹立全力以赴、全心全意投入新工作的思想，並在取得進步和成功時，給予及時鼓勵和表揚。

人才不是天生的，人的成長和進步離不開實踐培養和鍛鍊。實踐的過程，既爲他們提供了廣闊的舞臺以充分施展聰明才智，同時也有利擇優汰劣的競爭選拔，使人人進入緊張的競技狀態，激發調動起內在動力和積極性，促成內在潛力的釋放。

德國詩人歌德有這樣一句著名的格言：「工作若能成爲樂趣，人生就是樂園；工作若是被迫成爲義務，人生就是地獄」。此話雖然有些極端，但強調樂趣和興趣與工作的關聯性，是有道理的。

在培訓人的過程中如果把工作搞得單調、枯燥、乏味，培養效果難免事倍功半。並不是人人都喜歡和習慣於工作，有的是迫不得已，有的是出於無奈。因此，培養人要設法增加工作的趣味性。人人都喜歡娛樂遊戲，如能設法使工作類似於遊戲，將有助於提高人的工作熱情，繼而提高工作能力。

心理學家經研究證實：熱愛和沈醉於工作中的人，激素分泌十分旺盛，並使工作意願更加強烈。而厭倦工作的人，激素分泌則逐漸下降，結果在情緒上鬱鬱寡歡，精神上很容易疲倦，對工作越發討厭和膩煩。

育人的任務之一，就是千方百計使那些對工作提不起精神，缺乏熱情的人發生轉變。以跑步爲例，如果要人毫無目標和計劃地去跑，只能使人感到乏味，雖然沒跑多遠，也使人感到十分疲勞。若是預先告知跑的距離，以及到達終點後的榮譽和獎懲，自然會引起人的興趣，使單調的跑步成爲一種追求和享受。聯繫到具體工作上，如果讓下屬參與制定工作目標和計劃，讓每個人瞭解個人在整體工作中的作用與影響，同樣也會使工作充滿吸引力。

有人認爲，培養人的正宗辦法是送出去培訓深造，或者是專門系統地講授書本知識，其實這是一種誤解，在某種程度上說，這只是一種脫離實際的、象徵性的類比訓練，充其量不過是培養人的一種輔助手段。

書本傳授和集中訓練不管多麼完善，也很難保證育人的效果。因爲從書本上只能學習原理、道理，從工作實踐中才能學到本領和技能。書本上往往回答理論上究竟爲什麼，實踐才能解答是什麼，怎麼做。從這個意義上講，工作實踐、工作環境，才是眞正的大課堂。在這個課堂中，有學不盡的內容，有學不完的教材。在這個課堂中，才能學到眞本領，不斷增長才幹。經過這樣的鍛鍊和敲打，再不行的下屬也會有一身長技。

多種崗位，輪番錘煉

要讓下屬成為一個素質全面的眞正人才，僅在一個崗位上培養是不行的，必須接受多種崗位的輪番錘煉，辦法如下：

(1)給獨立性強或挑戰性強的崗位

這樣的崗位可大可小，一樣都能鍛煉人。這可以培養人的堅強的意志品質，又能夠培養人的獨立工作、駕馭全局的能力。

(2)用多種崗位鍛煉

北京雪蓮羊絨有限公司經理李元征看中了服裝設計師杜和，他沒有馬上用他負責服裝設計工作，而是叫他去當了半年銷售科長，而後再叫他當服裝總設計師。杜和的設計多次獲得金獎，這與他當過半年的銷售科長、瞭解市場和用戶有直接的關係。多走幾個崗位可以積累多方面的經驗，而且，每進一個崗位，都必須深入實際、深入群眾，都必須創出新的局面，做出新的成績，所以又可以養成聯繫群眾的作風和開拓創新的精神。江蘇神鷹集團採取大學生、科技人員和管理人員可以自由選擇工作崗位的辦法，自己去找適合的崗位，同時受到多種崗位的鍛煉，這也是可取的。

(3)可同時兼兩個單位的領導工作

這種方式並不多見，但在特定情況下，卻是可以採用的。它確有其特有的好處：一是可以強化其成長；二是可以提高其駕馭能力；三是可以培養其抓大事、超脫於具體事物的工作藝術。

(4)兼任下一級主要領導職務

有時候把人提上來了，但發現缺少獨立工作能力，或一重要領域的能力或素質，採用這種辦法可以彌補他們的不足。

(5)用下級代職的辦法培養鍛煉

天津新港的副廠長不在時，不讓別的副廠長代理，而是指定某一個科長行使權力。這既給了下級鍛煉的機會，又避免了別的副廠長由於存在臨時觀念而造成的不負責任的問題。

梅花香自苦寒來，凡人才從錘煉出——這絕不是誇張！

第十六招

固堤

根基穩固才能保持長久

一個企業裡的人才之所以疏失，有兩個原因：一是企業的吸引力不夠；二是領導者的能力不夠。而領導者的能力不夠，也往往是企業缺乏吸引力的真正原因。

幼象被馴象人用鐵鏈拴住而不能走開，長大後雖能輕易拉斷鐵鏈，但幼年時存留於腦中的「鐵鏈拉不斷」的印象冧始終左右其行為，因此，只要被鐵鏈拴住它便不再輕易走開。

——鐵鏈效應

人才流失是災難

一個留不住人才的公司或企業不會有任何作爲。同理，一個留不住人才的領導者絕不是一個合格的領導者。

因爲人才是企業最大的一筆財富，這筆財富甚至無法以金錢來計算，失去人才企業將一無所有，只剩下機器和廠房，還談什麼作爲！高明的領導者都知道這一點，所以他們才有「即使一切都失去了，只要還留下創業時的人才，我就可以東山再起」這樣自信的言語。

人才是企業的支撐和骨架，人才一走，企業這座大廈無論看起來多麼堅固，多宏偉，都會隨之分崩離析，徹底瓦解——有誰聽過某個企業人才走了一大批卻還能支撐下去的神話故事？

古人說得好：千軍易得，一將難求——這個「將」指的就是人才。某個領導者的下屬或許有成千上萬，但有用的人才，卻屈指可數，因此才說人才難得。

人才難得，得到了就不要輕易失去。留住人才與否，絕對是檢驗一個領導者是否合格的最佳標準。只要是留不住人才的領導者，都不是稱職的領導者！

杜絕人才跳槽

員工跳槽本是件很正常的事，但如果跳槽的員工裡面有一兩個眞正的人才，作爲領導者一定要想方設法把他們留下來，別讓他們跳槽。當然員工跳槽的原因很多，而且是無法避免的事，但如果你發覺在同一時間，有大量員工辭職，便要仔細找出原因所在。

這種突然出現大量員工辭職的原因，可能是：

①公司內有不利的傳言四散。

②某部門主管拉攏下屬跳槽。

③公司內有劇烈的派系鬥爭。

④某主管工作不力，令下屬紛紛辭職。

對於第一項，公司先要找出謠言的源頭，加以堵塞。譬如某會計部職員發覺公司虧損嚴重，四處通知同事另謀出路；或傳言老闆移民，有意出讓公司等。堵塞了傳言後，應立即向員工交代公司的實際情況，例如：公司去年業績雖然不好，但對未來仍具信心，且公司資金充裕，所以不會裁員等等，以安撫人心。

如是第二項，通常對於一些重要的主管離職，也會要求他保證在一定時間內不拉公司的客戶或員工跳槽，以保證公司能繼續正常運作。至於第三項，如屬派系鬥爭，則一定要召見派系的領導人，對他們的私鬥嚴加斥責。並重申如情況不得改善，一定將各派領導人撤職。第四項的話，則更加簡單。若發覺眞的是該主管辦事不力，行事不公，可以把他撤換。一來可以平息民憤，二來可以反映出公司知人善任，對公司內每一環節也十分清楚。

現代研究證明，人才是經過後天的薰陶努力而鑄就，既非天生，就必然會有失誤之時，能否留住人才，關鍵是看我們這些用才者是否有寬大的胸襟來包容人才偶爾犯下的錯誤。作爲管理者，能否留得住人才，不但關係著自己事業的成功，而且是千秋功名的大事情。留住人才之後，不能爲其他人所左右，而要駕馭人才來眞正實現自己的偉業，這也是至關緊要的問題。

留住人才留住心。我們強調作爲企業的領導一定要留下有用的人才，但最好的辦法並不是留下人才的人，而是留下人才的心。

「樹若死，人怎活」？

那些眞正的人才之所以要離開原來的企業，主要是抱著「樹若死，人怎活」的信念：既然在這家企業或這個領導者手下得不到重用，或許轉到另一家企業或另一個領導者手下就會得到重用。

瞭解了這一點，作爲領導者，一定不要讓眞正的人才產生「樹若死，人怎活」的念頭，即使非要如此不可，也可以讓他們在企業內部挪動，但絕不能放人。而領導者在使用人才當中，應不斷地對人才進行適時的縱向或橫向調動，這對事業的興旺，對人才的成長都有好處。

事實證明，一個領導者走上一個單位的頭幾年，其責任感和事業心最強，他能根據自己的智慧優勢潛力和客觀條件，開拓性地做出成績來。但是這種主觀能力和客觀條件的結合達到極限以後，領導者的業績就會呈拋物線狀地下降，即使保持原成績，只要沒有新業績人們也會認爲是在下降。加之實際上這時領導者也感到身心疲憊，表現了懈怠情緒和守舊傾向。產生了一種希望上級領導對自己在這一單位的這一時期的工作做一小結和評價，及時調整的想法。因爲這時的人際關係還不複雜，人際矛盾也不尖銳，加之業績出來了，有一種俗話所說：「天晴及時走，莫待雨淋頭」的心情。

如果在領導者業績最佳點進行調整，有以下的好處：

①由於幹部在原單位工作出了成績，到新單位後就充滿更上一層樓的自信心。這種自信心會在新的工作實踐中湧動，變成取得新成績的事業心和責任感，以渴求得到新環境的社會認同。

②當領導者擺脫了舊環境的束縛，以積極的情緒投身於新環境後，充滿了一種強

烈的責任感和新鮮感，面對新的客觀條件，不敢懈怠，如何根據自己的智慧優勢，創造新的業績，成為使領導者亢奮的思想，促進他產生新的進取的活力。

③幹部在原單位工作業績最佳，威信最高時調動，必然使新單位的同事寄予厚望，人們也容易接受其領導，加之密切合作為開創新局面創造了良好的環境。

高明的領導者，會讓屬下的人才在企業內部的流動中得到重用；而低能的領導者，則放任人才外流。

防止人才外流的招術

作爲領導者，如何才能杜絕屬下的人才外流呢？

認眞分析優秀人才「跳槽」的原因，以及採取妥善的應急措施或許能收到一定效果，但是「天要下雨，娘要嫁人」，實在要走，你採取什麼辦法也是無濟於事的。

人才「跳槽」主要有以下幾種情況：

(1)不辭而別

如果優秀人才不辭而別另擇高就，公司上下事先卻無人覺察或知道並且沒有人報告，則實際上是公司經營管理不善的反映。對此老闆應早有發現，並儘量做他回心轉意的彌補措施。

(2)懷才不遇

一個員工的工作量的多少並不能說明他對公司的滿意程度如何。經常有的人僅靠自己的能力和遵守公司的管理制度就能圓滿地超額完成自己的工作定額，但內心裡他並不眞正喜愛這份工作。

如有位負責銷售工作的部門主管，其工作成績在公司連年都超定額，收匯、利潤都很可觀，是公司的骨幹。但他卻對製作電視廣告情有獨鍾，希望有朝一日成爲電視製作部門的主管。從公司角度出發，他留在銷售部門是最理想不過的，但他卻一心想到電視部門。此時如果有合適的廣播電視公司，他一定義無反顧地離開銷售工作去接電視製作。

最好的能挽留他的辦法是，讓他同時兼做這兩項工作，如果他確實才華橫溢，兼做兩份工作都很出色，不僅能滿足他對興趣的追求，又爲公司留住了人才，不會引起人才流走而擔心銷售額下降。

(3)與老闆不合

與老闆不合的原因是多方面的，但是人們常常認爲，責任在老闆，如果他能在發生衝突時，顯出自己的寬容大度，不去斤斤計較部屬，那麼許多問題是可以解決的。

作爲一名老闆對其部屬應敏感體諒，而員工則應隨時把自己情緒上的波動、工作中的合理要求及時向他反映，這是雙方呼應的事。當老闆者不可能眞正瞭解員工的內心世界，但是經常相互進行思想交流，不失為保證上傳下達、減少隔閡的有效辦法。

(4) 破格任用

當你的公司招聘到一位能力強、有開拓創新精神的年輕人，並且輿論公認此人日後必然會成爲某經理的接班人時，你必須認眞思考：給他什麼樣的職位，如何提拔他更好？如果在他的任用問題上稍有疏忽，處置不當，將會給公司帶來不必要的麻煩。

某大公司曾經聘用過一位這樣的年輕員工，不到半年時間，他的能力已從其工作業績中表現出來，並遠遠地超過他的主管。如果讓他上，主管下或者在一個部門平起平坐，各管一攤，必然使公司的組織機構、人事制度、業務工作秩序都被打亂。爲此，老闆將他調往國外，負責組建分公司，以發揮他的才能。雖然這一任命使年輕人連升三級，但在公司裡並沒有引起什麼不良的反應。老闆的高招使「魚」和「熊掌」兼而得之。

(5) 注重年輕員工的培養

對於剛剛離開學校到公司工作的大學生、研究生，若不加強管理，注重早期培養，壓擔子的話，在兩三年內他們最容易跳槽。由於他們年輕有爲，前程遠大，正是公司的希望所在，並且已熟悉了公司業務，如果讓他們流失，公司將再花代價去培養新手，造成損失。

要避免這類不愉快事情發生的辦法有：一要把新來的員工看做是公司的一筆長期投資，精心地培養督促他們。安排公司有能力的主管或員工指導他們，讓他們承擔一些力所能及或者是超過其能力的工作。這一切就如一個長期專案，並不期待馬上得到回報或收回投資。只要他們在公司工作的時間愈長，公司得到的回報愈大。

(6)高工資的誘惑

更高的薪水，當然是一般人跳槽的最大原因。對此並沒有什麼最好的解決辦法。尤其是如果你覺得他們的薪水已經足夠的話。即使你爲增加工資而與員工談判，無論你採取哪種處理辦法，對公司和員工都無好處可言。著名的美國波音公司的專家們曾對四百五十多名跳槽者進行的調查表明，其中有四十名爲增加工資與老闆進行了談判，廿七名因被加薪而留下來繼續爲公司效力，但在不到一年多時間裡，有廿五名因各種原因又離開了公司。實際上，工資的多少並不是眞正讓他們繼續留下來的關鍵。關鍵是老闆和公司爲人才成長發展所提供的環境和空間。

人才流失的原因肯定不只以上幾個，高明的領導應根據具體的情況，想出具體而有效的對策。

提昇內部凝聚力

對付人才外流，有一個防患於未然的好辦法，就是提高企業或領導的凝聚力；亦即增強屬下的歸屬感，讓人才根本不會產生跳槽的欲望。此乃上上之策。

在現代企業競爭中，欲取勝單靠產品質量、服務等因素還不夠的，必須有良好的管理用人方法，以此可形成企業管理的優勢，增強整個企業的競爭力。

(1)控制住關鍵問題

企業管理手段較多。但關鍵在能夠促使每個職工重視某項產品生產過程中的質量問題，使次、廢品的出現控制在最低水平。如果這種控制一旦成爲職工的觀念，便能成爲企業水平不斷提高的動力。

(2)關心下屬職工

在企業中尊重個人隱私權和職工各種需求十分重要。對職工的關心、信任將是人才「精髓」的「保溫瓶」。

(3)加強與人才的溝通

溝通，是人際間交流的手段，和諧溝通，能導致企業上下級之間和同事之間的密切關係。應鼓勵各級領導在工作之餘和廠內同行、同事結伴參加社交活動，保證相互交往。用這種方式來溝通人際之間的關係。

(4)用人政策的一致性

在企業中，用人的一致性是很強調的，企業裡多數人參與決策、解決問題，同時有較長時間對各種問題進行周密的思考，加上決策人就是執行者，這樣，使企業管理人才時能保證迅速貫徹，又能保證實際效果。

(5)加強上下的一體感

一體感，是一種企業歸屬感，指企業職工與企業聯成一個整體。它的作用是使企業所有人共同來實現企業目標。企業實行一體感活動，可使全體職工能夠有較大程度獻身於自己隸屬的集體。當個人與企業的命運維繫在一起時，這個企業的力量將是巨大的。

(6)企業內人才的合作

企業內部的合作常包括勞資合作、上下級合作，而後者則更爲重要，好的企業沒有等級關係，領導與工人間平等相待，關係融洽。因而便容易導致企業內部的全員管理的高度合作。

以上六條防患於未然的對策，作爲領導者請務必牢記。

放手讓他走

也有一類無論你怎麼做也留不住的人才。俗話說得好：強摘的瓜不甜。實在留不住的，也不妨讓他走。不過，最好由你採取主動。如果你發現某個人才一心只想離開另謀良枝而棲，不妨主動炒他魷魚。

不少主管都非常抗拒做一項工作：炒下屬魷魚。理由很簡單，大抵不外兩種，一是不好意思；二是恐怕因此與下屬結怨，日後遭到報復。

最近一位市場經理談起他老闆炒下屬魷魚的方法，甚有參考價值。當這位老闆一旦不滿意某名下屬的工作表現，並想把他解雇時，他會實行其**炒魷三部曲**，行動逐步升級。不過通常當他使出第一招後，該名雇員便會立刻「醒水」，自動執包袱而去。

首先他會在公司內散播某某人有意離去的消息。請注意，當他這樣做時，還在別人面前裝作很煩惱、很憂慮的樣子，然後配以適當的對白：「唉，A君又說要走，看來那個部門的工作，又要亂好一陣子了。」

老闆的目的，是要讓其他職員把這個「消息」傳到該名雇員耳中。當所有人反覆問後者他是否打算離開公司另謀高就時，正所謂空穴來風必有所因，無需別人開口，自己也該做了。

如果碰上一名資質愚鈍，不夠醒目，又或者故意賭氣，賴死不走的下屬，老闆便會把行動升級，專找這名下屬工作上的雞毛蒜皮錯處，在開會時加以揭發，不留情面地批評，令下屬面懵懵，難以下臺。假如這名下屬仍然不肯離開，老闆才使出最後板斧，實行面交大信封，直接炒魷。據聞，老闆從未使出過最後一招，頂多第二招，便已奏效。

該炒的一定要炒，該留的也一定要留，個中界限，一個稱職的領導應做到心中有數，方寸不亂。

好壞自有定論

妒賢嫉能的主管在年終對下屬進行論斷的時候，總喜歡用一個字或兩個字：「好」，或者「壞」。這種二分論斷法，實在是要不得。

有時候，我們常會下定論說：「欸！那個人不錯。」而認爲這人所作所爲的一切都是好的。相反地，一有什麼不如己意的事時，就會說：「那人壞透了。」而認爲那人的一切作爲都是不好的。我們看人時常犯這種毛病，須知無論是多麼好的好人，也絕對不會好到像神一般。向來認爲他是好人的人，有時候也會出乎意料之外地背叛你，讓你發火的。因此，不能一概地用「那人是好人」、「那人是壞人」來論斷人，這是太過單純的直線式思考的二分法。

人們經常互相接觸之後，就會發現沒有什麼善人、惡人之分。你一向以爲是好人的人，當他眼紅時，也會口出惡言；當他產生猜疑時，也會背叛人。尤其是在公司裡的同事，有時他可以作爲你商量的對象，也可當你的精神支柱。但有時他也會成爲跟你敵對的人，反過來想把你擠下去。

你以爲是好好先生的主管，也會有自私的地方，而你認爲他很壞的上司，也會有富於人情味的一面。人會產生各種變化，也會隨著所接觸的對象而改變。所以不能用幼稚簡單的思考方式去論斷。

用二分法論斷下屬和同事是一種非常愚蠢，絲毫不能顯示你作爲一個主管的公正無私。

第十七招

恭維

人們嘴上要你批評
其實心裡只要讚美

在很多領導者的眼中，要想激勵下屬努力工作，金錢是最有效的武器。「有錢能使鬼推磨」，何況人？但人就是人，不是鬼，多一點「恭維」，刺激下屬的聽覺，也能產生不可思議的力量。

最有效的領導方式是領導者採取種種步驟去設計一種環境，使群體成員潛在地或明顯地受到動機的激勵，並能對它作出有效的響應。

——美國管理學家R·豪斯

金錢不是萬能的

有少數領導者，對金錢——物質鼓勵的威力深信不疑，既然「有錢能使鬼推磨」，何況是自己的下屬呢？因此，他們視精神鼓勵可有可無，甚至不屑一顧。

金錢具有通用性，似乎一切都可以用它來量化；例如交戰國雙方造成了無數生離死別、悲歡離合，毀滅了無數人類文明和美好事物……；戰勝國不可能向戰敗國索回失去的時光、士兵的青春、國民的幸福。這一切，最終都是量化爲一定數額的金錢，作爲戰爭賠償。

在不少人的幻想中，金錢是萬能的。每當他覺得孤弱無力，覺得受到傷害和委屈，就幻想用金錢來彌補。

雖然金錢萬能，但金錢不能買到一切，在涉及到感情、自尊、平等和自由的某些緊要關頭，不願爲五斗米折腰的人大有人在。但是，在一般情況下，作爲社會經濟交往中的一種可供選擇的替代方式，一旦鑄成無可挽回的損失，用錢彌補就成了無可非議的選擇。比如，爲保險金自願去送命的人不多，但一旦飛機失事，接受人壽保險公司的賠款是人們普遍接受的事實。從保障社會安定和人們基本權力的角度出發，經濟糾紛可用金錢了結，許多民事糾紛，也幾乎沒有例外地選擇失理的一方用金錢彌補另一方的損失。這一方法適合於今天人們的管理原則。

又如在私下調停的過程中，雖然有花錢塞嘴、花錢報復、花錢逃脫法律制裁等不光彩行爲，但也有花錢贖命（人質），花錢補償無可挽回的損失，如尊嚴、名譽、貞操等的公認做法。這在思想觀念十分解放的西方以及人們觀念正在發生轉變的中國城市巨變中也被越來越多的人們所接受。

然而，大多數中國人仍然相信「義大於利」的傳統美德，倘若你的一部分下屬也是如此，那麼，你的物質鼓勵就並非萬能，甚至某些赤裸裸的做法會讓他們產生反感。

換句話說，金錢不是萬能的，精神鼓勵在下屬中產生的力量，有時甚至比物質鼓動更有效，更長久，更深入人心！

表揚是一種「加倍法」

表揚的力量有多大？表揚就是鼓勵下屬工作積極性的一種加倍方法。表揚能讓一個人爲你甘心服務嗎？作爲一個領導、主管，你也許對表揚的力量有所懷疑而不敢使用，但是你必須改正過來！

我們都渴望能夠得到一句表揚的話，我們都需要被人承認和被人欣賞。每個人都喜歡被人恭維，誰都不願意默默無聞。正像**馬克．吐溫曾經說過的那樣：「一句恭維話足能使我生活兩個月。」**

你的表揚要顯得慷慨大方一些。好聽的話，拜年的話，你儘管說，絕不能在說話方面表現出任何吝嗇。其實，這也並不費什麼事，更不需你付出什麼代價，只要你張張嘴就可以了。**但在表揚別人的時候，有兩點要記住：**

①絕不能表現出你表揚他是想換取什麼回報。

②不能使被你恭維的人感到你想得到他的恭維。

表揚是使一個人感到自己重要的最好方式。批評則是激壞一個人，使你成爲他的敵人的最爲迅速的方式。如果你批評了一個人，他馬上就會恨你。批評是毀滅一個人的自尊心的最有效的方式。

如果能記住這樣一句話是明智的：沒有人會錯誤批評自己的，不管他可能錯到了什麼程度。他總會找到一些藉口去爲自己的行爲爭辯。如果一個人不能夠接受自己對自己的批評，那他怎麼會接受別人的批評呢？我這麼說並不是有意在誤導你。我可以在這裡毫不猶豫地告訴你，雖然我不批評別人，但這並不妨礙我爭取必要的手段改正別人的行爲和規範別人的行爲，尤其是在非這樣做不可的情況下。

爲什麼表揚能使一個人煥發那麼大的力量呢？箇中原因是，每個人都希望得到別人的看重。

每個人都想引起別人的注意，不管他願意承認還是不願意承認。他想有人聽他的話，他心中有燃燒著的欲望，甚至可以說是一種永遠無法滿足的渴望，那就是希望被人們看重，被人們承認，被人們欣賞、羨慕。總而言之，每個人都想成爲一個人物。

現在讓我們把你們公司在郊遊野餐時拍攝的一張照片拿給你看。你的眼睛首先往哪裡看呢？當然是你自己。爲什麼呢？因爲你最感興趣的是你自己而不是別人，這並不是批評，只是一種實際情況。人對自己大凡都是如此。從我的觀點看，我就是一切事物的中心，世界繞著我轉。如果從你的觀點看，你就是一切事物的中心，世界將繞著你轉。其他人的感覺也是同樣的。

當你與下屬打交道的時候，你應牢記下面幾點：

①每個人都是利己主義者，他需要某種程度的被注意，被欣賞和被承認。

②每個人都是對自己比對別人更感興趣。

③每個人都感覺他是一切事物的中心，世界要繞著他旋轉。

④你遇到的每個人都希望被人們看重和被高度評論。

⑤每個人都在不同程度上被別人需要。他希望在工作中、在家庭中、在教堂裡，或在俱樂部裡，都有被人認為是不可缺少的感覺，他希望感到別人沒有他就不

行。

⑥每個人都會不惜一切代價地爭取他所迫切需要的感人關注和被人承認，只有這樣，他才會感到自己更為重要。

不要認爲表揚下屬可有可無，否則你會爲此付出沈重的代價——至少，你將得不到他的忠誠！

別忘記讚美下屬

表現優異的下屬應該讚美，但那些工作差勁的下屬也不應該忽視，而應用讚美或讚揚鼓舞他的信心！

一個還不會走路的小孩搖搖擺擺的站起，向前挪了一小步，又跌坐下來。「哦，好棒！」他的父母會如此大聲地說，「再來，再試一試，小寶貝！」他的父母會跪在那兒，爲小孩走出的每一步鼓掌。小孩一再受到讚美，直到他眞正學會走路爲止。

一個優秀的管理人員，不能不瞭解讚美別人可以使人成功的道理：**讚美是一種有效而且不可思議的力量，它就像沙漠中的甘泉一般沁人心脾，往往會比金錢更能激發人的潛能。**

台下觀眾熱烈地歡呼鼓掌是對演員精湛演技的讚美；一枚閃閃發光的榮譽勳章是對出生入死的將軍赫赫戰功的讚美；散發著油墨香的鉛字是對挑燈夜讀爬格子的作家度過的不眠之夜的讚美；……正是讚美使他們甘於付出，而他們所追求的並不僅僅是金錢而已。

作爲一個領導，要掌握責備和讚美兩種方法良好運用。苛責過分，下屬會認爲你不近人情，缺乏理解，從而產生逆反心理，消極怠工，不願幹出成績；感情輸入得過分又會使你顯得比較軟弱，缺乏應有的威懾力，下屬也會對你的命令或指示執行不力甚至是置若罔聞。

那麼如何才能更好地把握讚美的尺度呢？

①要記住讚揚是必要而且有效的。哪怕是下屬只是有了一點小小的進步，也不要忘記對他表示你的讚揚和認可。

②讚揚要簡短，不要說起來不停，那樣就會失去讚揚的應有作用。

③在下屬處境不妙的時候，讚揚更有力量，更能激發人。

別忘記讚美你的下屬，否則下屬也將忘記你的存在！

「為你而自豪」

「我爲你而自豪」這句話是西方人常常掛在嘴邊的，他們的領導、主管和上司對此運用自如，且效果良好。我們也不妨借來用用，你會很快瞭解到它在下屬身上激起的不可思議的力量！

「我爲你而感到自豪」是最有價値和最有力量的八個字。你可以在任何時候對你的下屬、你的同事、你的朋友、你的丈夫、你的妻子或者你的孩子使用這句話，你只需告訴他們你是爲了他們做的什麼事而感到自豪就可以了。不要吝惜你的恭維話，它們又不花費你什麼，但是它們會以獲得卓越的駕馭人的能力作爲對你的回報。

這短短的一句話會爲你在處理人際關係上創造出奇蹟。甚至對你的上司你也可以說這樣的話，但如果你覺得對他說：「我爲你而感到自豪」這句話有些不大得體的話，你也完全可以換詞，你可以這樣說：「我確實因能爲你工作而感到自豪。」這樣的話同樣會產生你要追求的良好效果，在下屬產生失落和挫折感時尤其有效。

對意志力薄弱的部屬，作爲主管的，要時時想到如何來增加他的活力，提高他對工作的熱誠。在進行這項工作時，要注意到一個最大的「阻礙因素」，那就是部屬的「失落感」。

所謂失落感，就是當一個人遭遇挫敗、自尊心受損時，所產生的一種自卑心理。通常是因爲受到一些外在刺激，諸如失敗或疏遠等，因而喪失自信心，變得意志消沈、個性彆扭而偏執，不易相信別人的好意……像這種人，根本上已失去鬥志，不管給予任何工作或任務，他都不會好好地表現，對付這種人，只有一個對策，就是——設法恢復他的自信心，多給予鼓勵和誇讚，用心去發掘他們不易被察覺的長處。

「你很不錯，只是自己不曉得而已，像以前的××事，你表現的非常好。」「過去的失敗就算了，從現在開始，你要更努力。」「不要管別人對你的看法，只要你自覺無愧，就要堂堂正正的挺起胸膛來。」像這些話，你必須不斷的重覆，如此才能激勵他勇往直前的氣概，重新恢復失去的信心。

一個善於運用這種方法的主管說道：「在我同我的下屬們說話的時候，我從來沒有發現任何一句話能比『我為你而感到自豪』這句話更好的了。那是你對一個人能說出的最好的一句恭維話。當一個雇員非常出色地完成了一項工作的時候，或者想出了一個能多掙錢或者能大大降低成本的辦法時，你只說一句『謝謝』是遠遠不夠的。每逢這種情形，我都馬上親臨生產線，來到與他同時工作的工人們中間，拍拍他的後背說：『太謝謝你了。比爾，我真為你而感到自豪。』從此，他工作得更賣力氣了。其他人也會這樣做，他們每個人也都想聽到這種甜蜜的話。」

只不過簡簡單單的一句話，你的下屬卻認爲得到了很多很多！

讓能量徹底釋放

一所著名大學的心理學系經過多年研究得出如下結論：公開的表揚是你可以用來滿足一個人的自尊和使他感到自己很重要的最有力量的手段。表揚將使你更有把握贏得支配那個人的能力。

表揚可釋放能量，表揚就像是個能源，這就是爲什麼表揚對你如此有好處的原因。表揚意味著榮譽、恭維、承認和稱讚。如果你被表揚了，你會有什麼感覺呢？無疑會同我的感覺一樣，你會感到興奮和刺激，你會爲自己能夠使別人愉快而感到幸福，表揚能增加你的熱情，使你想在下一次把工作做得更出色，你會更加努力地工作，這樣你就會受到更大的嘉獎，別人也會投桃報李，表揚會帶給你駕馭他們的極大力量。

例如，當你表揚你的秘書，說她打字熟練而且準確的時候，你就會發現她打字的錯誤率會明顯降低。那些待你簽署的信件會被更迅速地打出來。告訴你的下屬，說他們的工作完成得很好。這種辦法，對你的妻子、你的丈夫、你的孩子、你的朋友、你的親屬，對任何人都同樣適用。得出的最後結論是：表揚的確可以幫助一個人釋放新的能量。

表揚不僅能夠鼓勵一個人實現他自我感到重要的願望，還能滿足下面幾種其他的基本願望：

①對自己努力的承認，對自我價值的保證。
②社會或團體的認可，被同事所接受。
③歸屬什麼地方的土生土長感。
④完成了某種有價值的工作。
⑤自信和自尊感。
⑥獲勝的願望，爭第一的願望，出類拔萃的願望。
⑦感情上的安全。

從這幾種基本願望中你就能看到，爲什麼表揚是你可用來讓一個人爲你所用的最爲有力的一種手段。你不要錯過了表揚一個下屬的機會，尤其是當他爲你做了什麼事情的時候。那是世界上贏得卓越的駕馭人的能力的最爲迅速、簡便和不用花錢的辦法。你要養成表揚你的雇員或者下屬的習慣，即使僅僅是極其微小的進步，也不能不表揚。這樣能促使他們不斷地進步，不要等到什麼人做出突出的成績或者比以前有了很大的提高時再表揚他，只要你能發現點什麼進步，不論大小，就不要放過表揚的機會。

一個人有一點進步就應該表揚，而且要不厭其煩。正像一位著名的成功企業家所說的那樣：「我就願意表揚，不願意發現誰有什麼毛病。只要我喜歡的事，我就會全心全意地去做，我在表揚人方面顯得極爲慷慨大度。」

像這位成功企業家一樣，你也會成功，雖然只不過是在管理下屬這一方面。

不要用嘲笑代替表揚

表揚是不能替代的，尤其不能用嘲笑或批評——因爲兩者都是一種對下屬自尊的無情傷害！

顯而易見的，當你期望下屬提高工作能力時，使用表揚的方法會比使用批評或嘲笑的方法能夠得到更好的效果。當你公開表揚人的時候，他們之中將有十分之九的人會有所改進，因爲你給予了他們承認，使他們感到在所有的人當中他們是比較重要的。私下表揚固然也不錯，但是效果還是不如公開表揚，雖然有四分之三的人的反應還是令人樂觀的。

然而，如果你採用批評的方法期望某人的工作得到改善，那你會事與願違。即使你是私下裡批評的，也頂多能有一半的人有所改進，把工作做得更好一點。如果在人前公開的批評人，那麼改進工作的可能連三分之一都無法保證。沒有一個人願意被人否定或者被人批評，包括我自己在內。

如果你的某個屬下請你去看看他的工作並請你指點一下有什麼不對的地方，你可不能信以爲眞。那不是他眞正的想法，他是希望你告訴他，他們工作做得很好，他需要的是表揚，而不是批評。聽他說話，要去理解他的心態，要明白他的本意。要記住，在每個人的基本需求和願望之中，沒有希望被人批評這一條。

批評不能幫助人獲得卓越的駕馭別人的能力，常會使被批評的人把工作做得更不好。批評毀壞了他想改進工作的動機，正像美國著名幽默大師喬希・比林斯所說的那樣：「要想成爲一個批評家，就必須有比大多數人更爲發達的大腦。」你要批評一個人，就不可能不傷害他的自尊及降低他的自以爲重要的感覺，批評從心理上挫傷了人的自信心，對於批評你能做到的最好辦法是把它忘掉。

嘲笑，不管是公開的嘲笑，還是私下裡的嘲笑，都是白白地在浪費時間，從上面的圖表中，你能清楚地看到這一點。然而在這裡我想花費一點時間告訴你。爲什麼嘲笑絲毫不起作用，也絕不會使你贏得駕馭別人的無限能力。

你會明白，一個人幾乎能夠忍受任何恥辱、失敗和傷害，甚至還會裝出一副無所謂的樣子。可是，如果你拿一個人開心，如果你小看他甚至嘲笑他，尤其是在大庭廣眾之下，你就會成爲他終生的敵人。他絕不會忘記，也絕不會原諒，因爲你徹底挫傷了他的自尊心、他的尊嚴、他的自愛。你破壞了他的自我意識，你傷害了他的驕傲感。

你用嘲笑的方式代替表揚，實際上你也剝奪了他被你承認的可能性，你令他在同伴面前蒙羞，妨礙了別人對他的認可。你毀壞了他要完成某種有價值的工作的願望，你也驅逐了他的感情安全感。現在你能因爲他鄙視你，你就譴責他嗎？那就看看由於你的嘲笑把他傷害到什麼程度而定了。

用表揚改正下屬的錯誤

每個人都會犯錯，你的下屬當然不會例外；重要的是，你一定要學會用表揚的方法幫助下屬改正錯誤。它的關鍵在於要在批評某個人的錯誤的同時表揚他。下面就是一些具體的實例，前面的是錯誤的方法，後面的是正確的方法。

錯誤的：「鄧小姐，我的辦公室從來沒有像你這樣糟糕的打字員，你打的東西我越看越頭疼，現在把這封信重打一遍，錯誤的地方都改過來。」

正確的：「鄧小姐，你字打得很棒，錯誤很少，活幹得乾淨利落。你的拼寫也極其準確，只是在這封信中，我發現幾處有點小毛病。錯誤雖不算大，但卻改變了我要說的話的準確意思。」

錯誤的：「你怎麼搞的！小王，給我惹出這麼大亂子。你的這些測量資料又都錯了，我這裡傻瓜、笨蛋已經夠多的了，可沒有比你更笨的了，你趕快給我重做，錯的地方都給我改正過來，否則我就不客氣了！」

正確的：「小王，你在這麼短的時間裡把這麼困難的工作完成到這種程度，真是了不起。我知道你的工作壓力太大。但我還是有一樣事情沒弄明白，你是不是沒有把測量精度再核對一遍。我似乎覺得有點不對，如果要是真錯了的話，那恐怕就要把整個事情弄糟。」

如果你不能採取正確的方式改正一個人的錯誤，你就會生氣，你就會不自覺地採取挖苦、諷刺的方式，就會在你的話語中不自覺地出現諸如：愚蠢、懶惰、呆傻、白痴等字眼。

如果你認爲剛才給你舉出的那幾個例子中批評人的言詞過於激烈的話，那我們還可以告訴你一些更不像樣子的情形。常言道：「罵人沒好話，不知道罵什麼才能解恨。所以，「三字經」是經常能聽到的最爲普通的罵人話，如果這還不夠刺激，就會罵出一些隨口編造的極爲下流難聽的話。

說來說去，還是採用表揚的方法改正一個人的錯誤見效，這樣做，你才不會毀壞一個人的尊嚴和自尊心。你也給他保留了臉面。善於運用這種方式是需要一段艱苦的學習、理解和忍耐過程的。如果你想獲得駕馭下屬的無限能力，付出一定的努力和代價也是完全值得的。

更重要的是，你還因此而掌握了一項激勵下屬不斷改正錯誤而前進的方法。

虛懷若谷天地寬

在普通下屬的心目中，一個虛懷若谷的領導，才是一個值得敬重的大人物，和企業中一個不可缺少的重要人物。如何才能成爲這樣一個人？

在當今自動化高度發展、電腦應用廣泛的世界上，想在辦公室中或在生產上不依賴任何設備是很難做到的，甚至有離開工作崗位，一個人也有變得無足輕重的趨勢，因爲電腦是靠著數位而不是靠著名字來進行信貸、辨認和金融工作的。今天，人似乎沒有過去那樣重要了，這樣就使得人們不僅渴望被人注意，而且追求自我顯赫的感覺。

追求顯要的願望和害怕不成功的恐懼是每個人前進的動力，你可以輕而易舉地利用這個事實爲自己贏得卓越的駕馭別人的能力，能使你的每個雇員或下屬成爲一個重要的人物，他們就能按照你的要求完成一切工作。**如果你運用了下面的幾種技巧，你就能成爲一個眞正的重要人物：**

①全心全意地關心別人，不傷害別人，與人和睦相處，並不是一件難事。

②鼓勵人談論自己和他感興趣的事，這樣就能表現出你是多麼地看重他。

③通過讓每個人都知道你是需要他的，來滿足他們各自的願望。

④記住一個人的名字，不要拿人的名字開玩笑，更不可詆毀別人的名字。須知，

名字對於人是最重要的，也是有價值的。

⑤對人不可以想當然，這樣做最容易得罪一個人從而失去他的友誼，嚴重時還有可能成為你的敵人。

⑥凡事不要總考慮自己，或者考慮從別人那裡得到什麼。當你給了一個人他所需要的東西——你的關注時，你就能夠得到你所希望得到的東西——支配他的極大能力。

在前面的內容裡，我能爲你總結出來的最好方法是：如果你想獲得駕馭同你打交道的每個人的無限能力，你要想辦法使他們感覺到自己很重要。利用你能想出的一切辦法抬舉他，其中最好的辦法就是表揚。要記住表揚是一種釋放能量的過程，它能起到能源的作用。你表揚了一個人，他就會情不自禁地信任你，他就會自動地去做你讓他做的事情，這也就是你夢寐以求的駕馭人的無限能力。

妒賢嫉能的領導喜歡隨意批評、貶低一個人；而虛懷若谷的領導則想方設法抬舉一個人，表揚一個人——差距，就是這麼大，也就是這麼小。

第十八招

包容

把自己想得太好
就容易把別人看得很糟

如果只會用人才，那還不叫會用人，只能說他走運。在有些領導者的眼中，有缺點的下屬好比垃圾，沒想到這些「垃圾」到了別人手裡卻又變成了人才！

羅蘭夫人是法國資產階級革命時期吉倫特派的主要領導人之一，共和政府內政部長羅蘭之妻。法國大革命時期到處需要人才，羅蘭夫人卻以為，當時法國「遍地都是侏儒」、「無人才可用」。後來人們就把不善於發現人才，卻埋怨無人才可用的意思稱為「羅蘭夫人式的錯覺」。

——《政治心理學》

沒有「扶不起的阿斗」

所謂「扶不起的阿斗」，在企業中指那些在領導眼裡一無是處、完全不行的下屬；不少領導，對這種部屬都抱著完全絕望的態度，棄而不用，既浪費了資源，又讓那些「扶不起的阿斗」深受挫折，可謂失敗！

領導者應該切記，即便是「不行的部屬」，加以再教育之後，有些仍具有託負重任的高度可塑性。

在「不行」的部屬中，容易加以再教育並加以活用的類型：

①「深藏不露」——具有能力卻尚未完全發揮出來者。

②「面臨瓶頸」型——儘管工作勤勉賣力，卻始終無法有突破或進展。這些都是尚有造就希望的部屬。

不易加以活用的部屬有：

①累贅型。

②愛說歪理型。

③放棄型。

④唐吉訶德型。

⑤公私混淆型。

⑥滿腹怨懣型。

問題型的部屬則爲：

①獨斷專行型。

②獨行俠型。

在同一個企業組織中，通常存在著「不行的」部屬，但也不乏能幹而「朝氣十足的」部屬，這種良莠並存的矛盾委實令人百思不解。

「不行的部屬」相當於下面理論中的說法：

①一般人原就具有好逸惡勞的傾向，且大多試圖盡可能地不工作。

②由於這種「討厭工作」的傾向，因此大多數的人往往只有在遭受強迫、統治、命令、或被威脅將施予處罰時，才會使出全力、賣力工作。

③絕大部分的人均較喜歡接受命令，藉此擺脫責任的承擔。同時，大多均不具野心或抱負，而希求安安穩穩的情況。

由此可見，領導者對於公司中若干「不行的部屬」不必感到絕望，而須針對個別類型施予指導，這就叫「變廢爲寶」。

發掘「阿斗」的潛能

即使是那些「扶不起的阿斗」，也肯定有潛能沒被發掘出來。事實上，他們被稱為「扶不起的阿斗」，或許正是由於他們的潛能尚未被發掘的緣故。

那些具有能力完成、卻缺乏工作意願的部屬，即所謂「深藏不露」型，應設法予其發揮潛能的機會。對這類型的部屬，乾脆將高難度的工作交付給他，讓他享受一下「自我表現欲」的滿足及喜悅感。那些工作勤勉卻機運不佳的部屬，可視為「面臨瓶頸」型，可交付他們較富創意性的工作，來對其加以活用。

領導者應設法讓「不行的部屬」瞭解，他們的能力並未完全發揮出來。要注意：

①任何工作都得付出身心，這是理所當然的事，即使娛樂時，也需要運用某方面的身心。

②對任何人來說，因情況的不同，工作有時會產生滿足感，但有時卻會令人感到痛苦。

③外在的統治或威脅力量，並非促使人們努力達成組織目標的唯一手段。人們為了達成某種目標，往往會主動地鞭策自己去從事工作。

④一個人對工作的努力程度端視達成目標時的報酬如何，不過，最重要的報酬往

往是實現自我欲望的滿足。

⑤人均會按照自己的條件對某項工作負起責任，同時也會主動表示負責。

⑥有關解決問題以及創造研究的能力，乃是大部分人均需具備的才能，而不是少數人的專利。

只要把潛能充分發掘出來，說不定「阿斗」也會變天才！

物盡其用，人盡其才

在一句話說得好：這個世界上任何東西都有它的用處，只是用處大小不一罷了。作為萬物之靈的人，自然也不例外。根據這個道理，即使是再無能的下屬，只要遇上一個會用人的領導，同樣也能發揮他的長處，而這正是一個領導優秀還是平庸的區別所在。

當領導者面對能力較差的「累贅型」部屬時，必須先有心理準備，因為，自己所投注的管理心力，可能有一大半得花費在這類型部屬的身上。能力較差的部屬之所以會成為累贅，乃是由於一旦沒人管理，他們便如同脫　之馬，而在工作上總是頻出差錯。累贅型的部屬雖然能力較低，但領導者也不可對其放任不顧，若加以鍛煉，仍可使其為公司效力。對於這種類型的部屬，必須灌輸他們工作的基本概念，讓他們瞭解「這裡是工作場所，而不是學校或家裡！」

如果你不想放棄累贅型部屬的話，最好從基礎開始對其施以鍛煉。當然，想對不及水準程度的人重新加以教育，不僅困難重重，同時也極易造成領導者精神上的疲累。然而，若能設法在這種部屬身上發掘其優點，且很有耐性地與之交往，則不但可對其加以活用，而領導者本身亦將發覺自己的領導能力在無形中愈形強化。

另有一個可行之道就是把累贅型的部屬視爲代罪羔羊般，對其施以怒罵方式，來爲自己所轄的單位注入活力的刺激。例如，曾經有一位因怒罵而出名的領導者，即是經常怒罵特定的一個人。當他被詢及這種管理方法的效用時，他如此說道：「我的確是只罵一個人，甚至連其他部屬所犯的錯誤也全罵到這個人的身上。不過，如此所導致的結果經常是所有的人都會好好地認眞工作。當然，我總是罵了他多少，便在私底下疼他多少。」或許，這算是累贅型部屬的效用吧！

既然連累贅型的部屬在高明的領導者眼中都有用處，何況他人？

把抬槓者推往「前線」

如果部屬中存有喜歡抬槓及理論的人，領導者的管理工作勢必感到相當吃力。因爲這些人多半並無眞正實力，卻經常可說出一大籮筐似是而非的歪理。

與那些愛說歪理的部屬多作理論並無用處，因爲，理論終歸只是理論，與其試圖攻破其理論上的弱點，倒不如把它視作耳邊風來得清閒省事！

愛說歪理的部屬也有其用處，不妨在對外理論相爭場合將之派上用場。

切勿將愛說歪理的人與正派的理論者相混淆，雖然兩者均爲說理，但後者才眞正具有正面意義。

即使是正派的理論者，倘若一味地光說不練，仍將淪爲歪理者。我們不難發現，有些部屬往往喜歡抬槓，並且利用一大堆歪理來支援他自己的看法。對於這種純理論的部屬，如果提醒他：「理論和現實畢竟是不相同的？」、「現實並沒有你想象的那麼簡單」、「那種想法早已試驗過了」……等，以反問而半勉強的方式迫其臣服，雖不難辦到，但這種方式對他而言，卻不見得適用。因此，與其壓制他的想法，不如明知後果將會失敗而仍放手讓他去試試看，使他親身體驗現實的嚴酷性。

不論對於愛說歪理型或正派理論型的部屬，如果想藉由工作上的訓練來使他成爲可造之材、或避免他們一敗塗地，不妨先委派一位埋頭苦幹型的部屬對其加以盯梢、追蹤、及產生模範作用，然後讓這兩種類型的人共同作業，以使他們體悟身體力行畢竟比理論更爲切合實際。

人盡其才，這話用在高明的領導使用愛抬扛的下屬的方法上面再合適不過了。

給灰心者鼓勵

灰心的下屬並非沒有能力，而是因爲心灰意冷沒有鬥志，使用他的辦法就是給他鼓勵，設法喚起他的鬥志和對工作的滿腔熱情。工作場合中若存有放棄心理的部屬，不但他本人在工作上毫無幹勁，且足以影響其他部門人員的士氣。

對於放棄型的部屬，與其採取高壓的態度來推動他前進，不如試圖讓他自覺自身所處的緊要關頭，意識到自己非奮發圖強不可。領導者必須設法使放棄型的部屬一步一步地恢復信心，讓他明白自己仍然深具前途。

曾經有一項對各行企業人員所進行不記名方式的訪問調查，結果發現部分人員如此表示：「現在，我正在為自己作打算。有時想想，這實在是最糟的時候。到底要不要離開公司呢？但是，一旦辭了職，又無處可去。我真懷疑人生還有什麼值得努力的事！」

上述這段話並非厭倦人生者的告白，而是人生方才開始的二十來歲年輕人所親口表露的心態，委實令人感到驚訝。更糟的是，這種類型的人並非僅是一、二件特例，而是不論何種行業中均不乏其人。

對於抱持這種心態的人，領導者千萬不可貿然委予重任，而應指派屬於輔助性質的工作，在確定他已經建立起些許的自信後，再指派他擔任輕度責任的事務。總之，一方面儘量設法使其恢復自信，另一方面則避免對他表示具有批評性的言詞。

只要灰心的部屬恢復了自信，其能力一定會讓領導大吃一驚！

別重用「唐吉訶德」

有一類型的部屬作爲領導不能不注意：他們表面看起來樂觀向上、精力充沛、好鬥善辯，但卻不能腳踏實地。這種類型的部屬，通常稱之爲唐吉訶德型。

就某方面來說，唐吉訶德型的部屬不僅生性樂觀、且活力十足，往往會爲整個團體帶來開朗快活的氣氛。然而，領導者的視線卻千萬不能脫離這種類型的人。因爲他們往往會做出頗爲離譜的事情，而自己則毫不在乎。譬如，雖明知無法如期出貨，卻依然會接下訂單，致使公司作業陣腳大亂。

領導者必須瞭解，這類部屬的致命性缺點在於注意力過於渙散，因此必須針對此點嚴格地重新加以教育。若能充分活用這類部屬深具活力的特點，則將可爲整個團體帶來正面的作用。

以下是有關「堂吉訶德型」部屬的缺點：

①由於他們通常注意力渙散，所以不論吩咐其任何事，總是無法做得既周全又細密，於是有時顯得缺乏責任感。

②對於交易及工作上來往對象所示的微辭，他們往往不易瞭解，也不懂得婉拒之道。

③對任何事均過於樂觀，在事物的看法上也總以方便自己的角度來作解釋。

④一旦別人對他討好，他便極易因得意忘形而中了他人的圈套。

⑤他似乎永遠無法明白本身所犯下的差錯足以為自己公司惹來多大的麻煩。

對於這種部屬，領導者宜交付他一些不必負太大責任的工作，或可利用他的快活天性，讓他從事一些節目的安排、策劃工作。

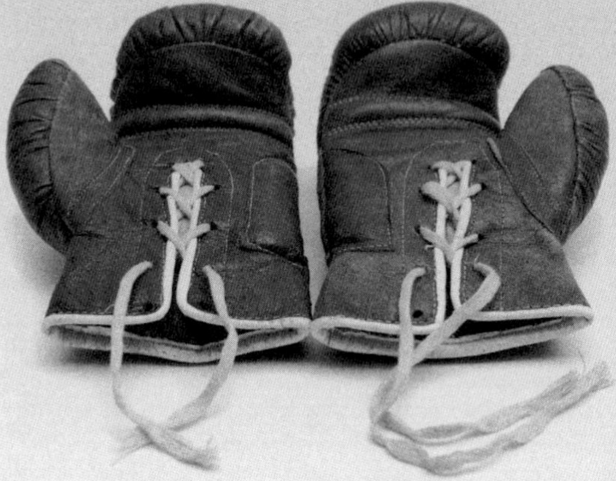

第十九招

責己

要想讓別人對你負責
你首先必須對別人盡責

在其位，謀其事，負其責——這是在簡單不過的道理。然而有的企業領導者就是不明白（也不是不明白，而是故意不明白），在其位，卻不願負其責，反而把責任推卸給不在其位的下屬，讓下屬「背黑鍋」，這是在出售責任。

要是事情弄糟了，那是我幹的；要是事情幹好了一半，那是我們幹的；要是事情辦得特別好，那是你們幹的。

——美國小組合作專家H·布萊恩特

在其位，謀其責

作爲一個企業領導，上司交給他一部分權力，同時也會交給他一部分相稱的責任承擔。沒有權力，當然不用承擔責任；但有了權力，就一定要承擔責任。世界上沒有白吃的午餐，也沒有不用承擔任何責任的權力。

權力的大小，與領導者所處的位置成正比關係：職位愈高，權力愈大，責任也一樣。責任是一副擔子，沒有足夠的地位挑不起來，沒有足夠的能力也挑不起來。

有的領導者，希望職位愈高愈好，而責任則愈輕愈好——顯然這是不可能的。還有一類領導，對於權力和職位緊抓不放，對於責任則想方設法推卸了事——顯然這也是不可能的。箇中原因，是由於他們缺乏承擔屬於他們的責任的能力和勇氣。換句話說，他們都是不稱職、不合格的領導。

在其位，負其責，這是一個顛撲不破的眞理，也是一個不可改變的鐵的領導法則。

誰家的事誰來管

責無旁貸，意思是說屬於領導的責任，絕不能推卸到下屬的頭上，讓下屬去承擔一切後果。

一般的主管，當部屬發生事故時，第一件想到的就是——如何隱瞞上司，或向上司報告。這時，難免會窺伺上司的臉色，以此作爲自己行動的依據，圖謀保全自我。

也許有些主管會反駁：「不！哪裡是這樣，我首先想到的是部屬的安全和受傷的情況，以及保險等問題，絕不會顧慮到自己……」然而，只要稍加注意，不難察覺這是違心之論。

另一個例子是，當顧客向你提出不滿時，你首先想到的，是歸罪於部屬的錯誤或疏忽，然後板著臉說教：「這件事是怎麼一回事，你自己要負起責任，不要老是讓我替你向上司辯解……」由上面這些話，顯然地可以知道，他是擔心上級的怪罪，才說這樣的話。

再也沒有一件事，比做主管的爲了保護自己，拼命想自我辯護，而不顧部屬權益更不應該的了。一旦當了主管，就不可只想到自己，而要以全體爲念。所有的行爲和態度，應當以公司利益爲前提，在不違背前提的原則下進行活動。假使一遇到非難或攻擊，就想到如何保身，老是動腦筋爲自己辯解，這種一味推卸責任的作風，勢難贏得部屬的信賴。

要成爲一個好主管，首先就要摒棄這種自私的心理，不要窺伺上司的臉色，不要自我辯護，而做一個眞正具有責任感的主管。

另外，批評員工時，應令員工感到這不僅是員工本人的事，也是管理人員本身責無旁貸的事。爲增強員工的這種感覺，管理人員最好安排一個有利於形成和諧氣氛的環境作爲批評的地點，如果因環境的限制不得不要求員工前來管理人員的辦公室時，則管理人員應注意下列諸事：

①不要在辦公桌周圍踱來踱去。

②不要若有所思地凝視窗外或天花板。

③不要搜索抽屜。

④避免接見訪客或接聽電話。

如能注意以上諸事，則員工可瞭解此時他是管理人員注意力的儕儕焦點，這不但能縮短員工與管理人員的距離，而且也能減輕員工對管理人員批評的抗拒。

責人先責己

一個高明的領導，會在指責下屬之前先問自己，這個責任是不是我也有一份？這叫責人先責己。這樣的領導，才是勇於承擔責任的領導，才能讓屬下心服口服。而部屬中，有些人喜歡任意中傷他人或排斥異己，像這類部屬著實不好管理，但做主管的，也不能因而置之不理。

這是發生在I貿易公司的事。

某女職員對董科長報告說：「董科長，我每次給張股長倒茶時，他連看都不看一眼，也不說一句話，表情很冷漠，是否可請科長轉告他，應該善待女性。」

另外，一家L公司的一位年輕外務員，對M經理說：「我們無論風吹或雨打，整日辛苦地在外頭奔波，回到公司時，那些舒舒服服、坐在屋裡辦公的科長、股長，瞧都不瞧一眼，也不點一下頭，令人感到很不舒服。」

的確，公司裡這些冷淡、以自我爲中心的工作人員很多，但仔細思考，發出這些怨言的人，才眞正是標準的自我中心型的人物呢！

對上述女職員的控訴，張股長的說法是這樣的：「她板著臉，砰的一聲，放下茶杯，茶潑出來了，也不擦。公文弄濕了也置之不理，像這樣上司怎麼善待她？」董科長聽了他的解釋，就對他說：「我知道了，我會叫她工作時態度客氣些，但是我要先和你約定，下次她端茶給你時，請你先說聲謝謝。」然後，他對女職員說：「以後你端茶去的時候，要先打一聲招呼說：『股長，茶來了。』或是『股長，請喝茶。』否則，對方也許沒有注意到你。」經過了這一番交待，第二天，情形就改善了，於是雙方都對科長表示：「謝謝你！對方很快就反省。」董科長笑著回答說：「我並沒有責備對方，只是要他（她）打一下招呼。」這一段話頗有要他們各自反省的意味。

至於後面外勤人員的例子就更簡單了。M經理對他說：「這個問題很容易解決，當你從外面回來時，先找股長大聲報告『我回來了』，再到其他科長面前說一次同樣的話，對方一定會說：「哦！辛苦了！」這年輕人於是搔搔頭走了，以後再也不會埋怨了。

責人先責己。如果你這麼做，你的下一層領導者才有可能這麼做。

承擔責任才能避免麻煩

下屬的工作成績好，上司也有光彩；下屬有過失，上司也難辭其咎。最不負責的上司，是在下屬工作出錯時，即將全部責任推到下屬身上，而設法置身於事外。下屬出錯，必然有許多因素。不依照上司指令，擅自採用其他方法行事者，當然是自作孽，但上司在這方面，也有很大的責任。**爲什麼下屬自作主張，導致工作出錯，竟然也是上司的責任？原因是：**

①該下屬不信任上司的能力，也有不信服的意思。

②上司未能定時要下屬做出工作進展報告。

③上司未有瞭解下屬的個性。

④上司平日沒有讓下屬發表個人意見的機會。

當然，無論屬於任何原因，下屬是不能逃避錯誤的責任。只是作爲上司的，當發生類似事件時，也應考慮本身的管理方法是否仍有需改善之處，而不應光是指責下屬的胡作非爲。

有些上司想做什麼，根本連自己也未明確知道，就要下屬切實去做；而且不知道做了出來，對哪方面有幫助。例如北京一間速食店的組長李×，他是一個月前才勝任組長之職的，爲了顯示自己對速食店有建樹，要下屬每天提早十五分鐘到速食店。他稱是趁那十五分鐘，檢討昨天的員工表現，改善當天的服務素質。然而，一個星期下來，店員們怨聲載道，因爲他們都不知道每天提早上班，對工作有什麼好處？而目標又能達到什麼程度？目標不明確，往往使下屬認爲不值得多費勁，因爲他們根本不知道怎樣才算是達到目標。正如船在中央失去方向，朝那一方走都沒有信心。

上司的指導法則第一項，就是讓下屬明瞭做每一件事的目標，才能教他們知道怎麼樣循著方向走。例如速食店的組長對下屬說：「希望每天的營業多加一成。」廣告部主管對下屬說：「這次的設計務要令某客戶滿意爲止。」使下屬知道以某客戶的滿意爲目標，從該人的愛好、品味、生活習慣著手，使預期目標加快達到。

上司的指導法則第二項，就是讓下屬明瞭屬於他分內的責任，這樣，下次你因此而指責他他也會心服口服。

説改就改，立竿見影

作爲領導，如果你在下屬面前一而再、再而三地推卸責任，那麼你的下屬遲早會對你產生不滿。要消除他們的不滿，你要做的就是改正過來，負起責任。甚至，你也可以向他們認錯（口頭或行動均可），表示自己的誠意。

不論你是否是一個稱職的上司，你的員工或多或少地會有不滿，當他們向你提出一些問題時，你應如何處理？如事事應允，這根本是沒可能的，公司也不會容許。如事事反對，員工也會怪你不爲他們爭取福利，久而久之，會令下屬形成一種消極的抵抗，當然不是好事。

譬如某女職員向你要求周六遲些上班，但由於公司有其規矩，所以你一口拒絕了。該位女職員見自己的要求被拒絕，而上司連原因也不問，所以對公司不滿，覺得上司沒人情味。其實她之所以有此要求，只是希望在周六能親自送小孩去學畫畫而已。

其實遇到下屬提出一些要求或對工作不滿，上司一定要抽些時間，私下聽聽他們的意見。除了可以及時緩和員工內心的壓力外，也可以瞭解一下日常工作分配是否出現不均，員工對工作上的編排是否有異議。在和員工傾談時，態度盡可能祥和一點，避免以一種對抗式或質疑式的語調，以免使會談淪爲互揭短處的謾罵。

同時，如你對下屬提出的問題，已有解決方法時，不妨首先把你的方法向他解釋，看看他是否滿意。即使仍有不滿，最低限度已表示了你的誠意。

多和下屬溝通，多爲下屬著想，多承擔一點責任，這是領導收買人心的最佳策略。

推卸責任是惡習

喜歡推卸責任的領導者、常用的一招就是指責，把自己的過失和應負起的責任一股腦兒推到下屬身上。這種做法，簡直是一種惡習。

指責部屬，有時可以提高老闆的聲望，有時卻會喪失老闆的威嚴。爲了督促部屬達成企業目標，指責是難免的，但也要考慮到正反兩面的效果。

有位林先生，不論何事都搶著發表意見，所以很不受同仁的歡迎，大家都想找個機會整整他。一向看不慣他的年輕老闆得知後，願意派給他一個重要任務，再找出他的缺點，當眾申斥了一頓。

這並非為了過失而責罵林先生，只是老闆有意要在眾人面前顯示自己的權威而已。所以他根本不正視被罵者，眼光只停在眾人頭上，並有示威之意：「你們看到了吧？林先生被我罵得頭都不敢抬了！」起初眾人很興奮地望著這一幕，但漸漸地瞭解老闆的用意後對他的反感立即產生了。

罵人至此，若能即刻停止，尚有保持責罵的價值。但若得理不讓人，而不知終止地一罵再罵，則林先生一旦萌發反抗的念頭，火爆場面就無可避免地發生。而且眾人目睹此景，也會有某種微妙的改變，使原本對林先生的討厭化作同情。

指責必須要有正當的理由，更須付出誠心，否則有百害而無一利。雖然你指責的只是眾多部屬中的一個，但卻會在眾人間引發連鎖反應，使眾人提高警覺。千萬不可爲了出風頭和推卸責任而找人開刀，這會產生極大的反效果，更降低自己的身份。

對一個負有達成企業目標責任的領導者來說，「部屬有失敗的權利」是很抽象、很難實行的。領導者有必要指責部屬時，一定是部屬的工作沒有做好，也就是說有了失敗的事實不得不糾正。如果所有的失敗都不能指責告誡，那就沒有機會可以糾正錯誤了。有些部屬認爲：「人非聖賢，孰能無過？」而領導者也有人認爲：「錯都錯了，再責備有何用？」顯然都不妥。在「不因失敗而指責」這句話中，包含了另一層意思，那就是說，你平時對部屬的指導不夠。

失敗時，領導如何判斷是否責備部屬：

(1)不是惡意的動機：同樣是失敗，但如果動機不是惡意的話，都不應指責。指責的目的是糾正和指導，如果是無心或動機良好就沒有必要指責，只須指導工作方法就可以了。

反之，基於惡意、懶惰所造成的失敗，就須給予處罰。

(2)指導方法的錯誤：由於上司指導方法有誤造成失敗，不能指責下屬，要先弄清楚責任所在。

(3)尚不知道結果的事情：剛試著做或正在實驗中的事情，其結果尚不明確即加以指責，部屬可能就沒有勇氣再嘗試了。

(4)由於不能防止或不能抵抗的外在因素影響導致失敗：這種現象當然不是部屬的錯，部屬也沒有責任，沒有責任就不能指責。

以上是失敗時不能指責的四種類型，如果指責只會收到反效果，那麼唯有以鼓勵代之。同時領導要負起檢討失敗原因的責任。「若要人不知，除非己莫為。」你的惡習終究會讓上一級的領導知道，那時你悔之也晚矣！

第二十招

提拔

害怕別人被提拔的人是小人

提拔者和被提拔者往往是節拍快慢的問題。如果害怕別人因提拔而超過自己，即使今天心裡能夠得到平衡，可是明天你的精神就會被摧毀。

當你被是提拔起來使用權力的時候，永遠要記住還有許多像你一樣的人在耐心地等待。被提拔的人越多，企業的含金量就越高。這不是歪理，是常理！

——美國劍橋大學教授杰克·普林斯曼

提拔人材才能興旺發達

企業主管在用人的時候，一定要充分調動下屬的積極性，給他們提供升遷的機會，這一點之所以重要，是因爲大部分下屬都願意往高處走。走得越高，人生價値才顯得越大。這不是歪理，是常理。

聰明的領導者欲求上進，除了力求充實自己的能力、學識之外，更應隨時培植地位比他低的人才，努力將他訓練成有用的人，日後可以得到一臂之助。

地位高的人，往往是最知道如何借助別人力量的人。當遇到困難，非自己能夠解決時，就知道如何獲得援手。他自己決不做過於繁重的工作，因爲知道分工合作，他只做那些別人不會做的事。

領導平日所接觸的人，大致可以分爲兩種，一種是地位比你低的人，或在許多事情上必須聽從你的命令的人。另一種是地位比你高的人，許多事情必須聽從他的指示。通常社會上多數人最易犯的毛病，就是眼睛永遠望著天。

你能得到屬下眞心的幫助嗎？他們願意爲你效力嗎？你的同事肯協助你嗎？他們代你操勞時，是否心甘情願？看見你有困難時，上屬是否會支援你？

假使眞能這樣，那麼你已經走向成功的道路。因爲唯有能夠獲得外界的自動援手的人，才有達到領導地位的希望。反之，別人不願接近你，怕你要求他們幫助，當你向人請求時，他們便尋找種種藉口拒絕，那你非立即改變待人接物的方法不可。切勿施用壓力強迫別人工作，應該運用巧妙的方法，使他們自願爲你工作。

一個專門喜歡依仗自己權勢和地位發號施令、強迫他人做事的人，並不是一個眞正的領導。一個聰明的領導人會永遠關心屬下，不時地替屬下的健康、家境、幸福等著想，讓屬下把他當成可靠的長者，對他敬愛有加，十分關心他的事業，恨不得使出自己所有能力幫助他。

記住這個原則：你要獲得別人幫助，必先幫助別人。幫助別人愈多，未來的收穫也就愈大。平日裡注意栽培部下有朝一日將給你帶來意料不到的巨大利益。只有最愚笨的領導人才想盡方法，去奴役他人，希望別人毫無條件地爲他盡力。

企業主管應隨時培植地位比你低的人才，努力將他訓練成有用的人，日後可以得到他一臂之助。企業主管提拔人材是一種策略，主管不可不察！

大膽任用你看準的下屬

用人之難在於啓動所有下屬的熱情和幹勁。這意味著：企業主管不能單獨一人管天下，必須依靠值得信賴的下屬，來給自己分擔重任，培養一名有能力的下屬，等於證明自己用人用到了刀口上。

適時適度地選拔人才，提升一些有能力的人，不僅有利於本部門、本單位的發展，還可以利用這些被提升的下屬，藉以瞭解其他下屬的思想狀況，並據此有的放矢地做好下屬的工作。

你所提升、選拔的下屬，多少會對你有些感激，至少對你有信任感。當你的領導工作遇到困難的時候，他們會主動伸出手幫助你渡過難關。當你的工作萬事俱備，只欠東風的時候，他們也往往會助你一臂之力，起到率先示範的作用。

被提升的下屬往往比你更容易接近其他下屬，而且他們之間的關係通常也比較密切。所以當你的某項正確決定不爲人理解而難以貫徹實施時，被提升的下屬一帶頭，大家也許就跟著一起幹了，被提升的下屬如果和大家解釋你所做出的決定的道理，大家可能會馬上明白理解。在這時，被提升的下屬無疑已成爲你的得力助手。

在下屬之中選擇人才，加以提升，並不是胡亂的選拔、胡亂的提升，一定要建立在一定的基礎上。首要的一條，被選擇、提升的下屬必須是德才兼備，令其他下屬所信服的人。

一些下屬在業務能力、技術水平等方面的確高人一籌，出類拔萃，但是，他們可能缺乏起碼的職業道德，經常違反工作條例，不能夠給其他下屬以好感。這樣的人是有才無德，如果被你不加分析地選拔、提升上來，很難說服其他下屬，弄不好大家還會產生不良情緒，給你的領導工作帶來麻煩。

一些下屬善於拉攏人心，待人接物可圈可點，工作上從沒有違反過工作紀律，對同事、上司和其他人都一團春風、八面玲瓏。但是，這類人在實際工作中卻是水平低、能力差，工作任務勉勉強強能夠完成，且質量極差。這種無才之人，儘管其他下屬都給予一些好評，但絕不能提升。如果他眞的被提升上來，新的更重要的工作會使他招架不住而敗下陣來，既影響了本部門、單位的工作，也會讓你這位選拔者感到難堪。

更重要的是，這種下屬雖然因爲善於團結人而受到其他下屬的好評，但是，如果他眞的被選拔提升了，那麼，其他下屬就會有意見。他們會認爲：這種人只是人緣好，才能並不比別人高，反而要差一點兒，爲什麼提升他，而不提升我們呢？再說，他根本就勝任不了新的工作。這種意見的存在無疑也是不利於工作的。

如何發現有潛質的下屬？

①視他為你管理技術上的一項挑戰。

②鼓勵他公開討論自己的觀點和建議。

③讚美他傑出的表現。

④給他明確的目標和富有挑戰性的工作。
⑤推薦他就讀有幫助的課程。
⑥對他額外的貢獻給予讚賞鼓勵。

企業主管平日裡注意栽培部下，有朝一日將給你帶來意料不到的巨大利益。只有最愚笨的領導人才想盡方法，去奴役他人，希望別人毫無條件地爲他盡力。

重視下屬的工作實績

下屬總有能力強和能力弱的，表現出來的形式就是工作實績有大有小。毫無疑問，企業主管應與選擇下屬中的強者，要不然，提拔起來的下屬仍然給自己帶來一大堆麻煩，增加用人的難度。

提拔得當，可以產生積極的導向作用，培養向優秀員工看齊和積極向上的企業精神，激勵全體員工的士氣。因此，領導在決定提拔員工時，要做最周詳的考慮，以確保人選的合適。提升還應講求原則，不能憑個人的喜好而濫用領導職權。

什麼是提拔依據呢？一**定要根據他過去工作實績的好壞，這是最重要的提拔依據，其餘條件全是次要的**。因爲一個人在前一工作崗位上表現的好壞，是可以用來預測他將來表現的指標。切忌根據人的個性、你是否喜歡他的性格作爲提拔標準。提拔不是利用他的個性，而是爲發揮他的才能。這也是最公正的辦法。不但能堵眾人之口，服眾人之心，而且能堵住後門，避免員工間的勾心鬥角。

很多時候，提拔一個員工往往是因爲他同主管投脾氣，主管喜歡他的性格。比如主管是快刀斬亂痲的人，他就願意提拔那些乾脆利落的員工；主管是個十分穩當、凡事慢三拍的人，就樂意提拔性格審愼小心、謹愼萬分的員工；主管是個心直口快的人，他就不提升那些說話婉轉、講策略的人；主管是愛出風頭、講排場、好面子的人，就不喜歡那些踏實和「迂」的人。這是一個誤區。另外還有一點，主管普通喜歡提拔性格溫順、老實聽話的員工，對性格倔強、獨立意識較強的員工不感興趣。這樣提升的結果，很可能用人失當。被提拔者很聽話，投主管脾氣，也「精神強幹」，工作卻搞不上去，而且浪費了一批人才，一些性格不合主管意而又有眞才實學的人卻報效無門。

主管在提拔員工時，千萬要記住：不管你喜歡他的個性也好，不喜歡也好；也不管他個性乖戾、孤僻也好，溫順柔和也好，都不必過多地考慮，要把注意力集中在他們以前的工作業績上，誰的工作實績好，誰就是提拔的候選人。

對一個沒有嫉妒心的企業主管而言，有能力的下屬被提拔起來，簡直是一種工作的享受！

點石成金放光彩

有些員工或許令你十分頭痛，他們是你的企業中的「後進分子」，渾身上下都是毛病。作爲領導，對這些人必須抱以誠懇的耐心，投入你的熱情，去幫助和提攜他們。提攜後進，籠絡其心，大膽使用，這些人必將成爲支援你、幫助你的力量，至少，可以使他們在工作中不拖你的後腿。

「提攜」的方式有很多種：

①提升他職務，這是最明確，也是為人所認同的提攜，但也要看他的才幹才行，扶不起的阿斗反而會害了你自己，成為你的負擔。

②調整他的職務，這不一定是升官，但卻可讓他的才幹充分發揮，而不致「悶死」。

③給他助力，例如不捆綁他的手腳，讓他可以獨立自主地做，以便磨練他的才幹。

④替他解決困難，一分錢可以逼死英雄漢，如果某人真是英雄，那麼就幫他解決困難吧。

⑤幫他脱離危險。

⑥在懸崖前拉他一把，明告他、點醒他或暗示他，讓他免於毀滅或受傷。

⑦嘉勵他，在他灰心的時候、遭遇逆境的時候、被小人打擊的時候，在精神上支援他、鼓勵他，讓他振作起來。這也是一種提攜。

提攜後進時，要有心理準備：

①承擔風險的心理準備，看人不可能百分之百準確，有時也會把庸人看成將才，也會因個人的好惡而把惡狼當家狗，因此你提攜了他之後，有時候會有被拖累、背叛的危險。

②承擔流言的心理準備，「提攜」的動作如過大過廣，會被人認為是在培植勢力，甚至引起別人的反感和抵制，在大的團體裡這種情形尤其常見。

總之，任何事情有利就有弊，但提攜後講這件事對個人來說，是利大於弊的，而且也不能因爲有弊就不提攜有才幹的人的。歧視和冷落，只能使「小泥鰍」變爲「老泥鰍」；提攜和重用，「小泥鰍」或許可以成「大龍」。很多企業家一直有忠心耿耿的屬下追隨，這是因爲他們樂於提攜後進，用感情綁住了他們，利己也利他，所以，如果你有能力，有條件，那麼就伸出你有力的雙手吧！

「石頭」一旦成金，就會感覺到自身的價值，這是被提拔的所有下屬的共同心理。

切忌僅用勝負定奪人

勝負乃兵家常事。沒有勝負的企業競爭，是純理論的。因此，容許下屬有勝負，只是希望下屬能「負負得正」，走向更大的勝利。這是企業主管的用人責任！

一般來說，業績出色的員工往往容易受到經理人員的偏愛，而對於那些有失敗、過失記錄的雇員來說，他們會在經理人員心中多少留有一些偏見。管理人員的這種心態，對企業人際關係而言是非常有害的，最終可能會導致兩極分化，雇員之間對立的內部情緒的產生，而且你也許會成爲企業中「眾說紛紜」的人物。

雇員業績的取得，是企業的一件喜事，也是值得你爲之驕傲的，但這種驕傲一定要基於企業這個大家庭的基礎之上，而不能滋生出一種強烈的個人偏好和憎惡的情緒。**一次成績的取得絕不能成爲他賺取私人感情的資本，你對其個人的偏愛，雖然是在很大程度上給了他信心與繼續挑戰工作的勇氣，或許隨之而來的還有更多的獲得工作業績的機會，但是企業是屬於這裡每個成員的，所以每個人都應該享受同等的權力與待遇。**你對某個雇員的偏愛，會讓其他的雇員爲你們的這種親密關係不知所措，一個個問號會在腦海中被肯定了又否定，否定了又肯定，在一段時間的折騰之後，他們與你和所喜愛的那位雇員的距離越離越遠。

由於待遇的不平等，機會享受的不公正（至少他們會認爲是這樣），企業的人際關係變得緊張了，人們從你的偏愛中也學會了選取個人所好來加強個人的勢力。結果，最糟糕的事情發生了，企業仿佛變成了四分五裂的散體，無數的小陣營使企業的這股繩結出了許多解不開的「死疙瘩」！

你對業績不太出眾或犯過錯誤的雇員的成見與你對業績好的雇員的偏愛一樣，對企業的人際關係的和諧，對企業的發展同樣有害。人非聖賢，孰能無過，錯誤固然是不可原諒的，但你卻不能從此以後就給這位可憐的員工下了「他只會犯錯誤」或「他根本無法辨好此事」的結論。

犯了錯誤的雇員通常都有自知之明，他們在對自己行爲檢討的同時也是懊惱不已，你對他們的歸類不僅使得他們的信心又遭受了一次打擊，而且，他們還會產生破罐被摔的消極情緒，並對企業與你個人產生了極強的敵對抵觸情緒，這顯然是企業安定團結的一種巨大的潛在危險。

消除你心中已有的成見吧，別讓那幾次失敗的經歷總縈繞在你的腦海中，使你總是懷疑別人改過自新、從失敗中總結奮起的能力？坐下來，與他們懇談，幫助他們找到錯誤的原因，恢複他們的自信，你要在語言中充分表示出對他們仍然信賴，只要他們走出自我消極的誤區，一樣能爲企業做出貢獻，況且失敗的經歷孕育著成功的希望。

作爲一個管理人員，你應該懂得，雇員個人的成功與失敗是企業榮辱的組成部分。你的任務是不斷地充實集體的力量，而不是人爲地製造分裂！

按企業兵法講：負者一旦被重用，將會拼命到底！

提拔下屬不宜太快或太慢

不提拔下屬是不對的，光提拔下屬也是不對的。用將者必用其才，無才不能成將。企業主管一定要牢記這一點，論資排輩選拔幹部，只能壓制人才，鼓勵下屬混水摸魚。然而，隨便打破幹部提升的常規，提拔的人太多，升遷速度太快，亦有弊端：

(1)無從考察業績

張居正用「器必試而後知其利鈍，馬必駕而後知其駑良」來說明人應該「試之以事，任之以事，更考其成」。考察幹部的德、能、勤、績，以業績爲主。如果升遷太快，則無從考察。

(2)不利於人才的鍛鍊成長

有的人因升遷太快，沒有足夠的積累知識和經驗的時間。

(3)不利於工作

「打一槍換一個地方」，來不及施政就升遷，還能有長遠打算嗎？其事業心、責任心能不受影響？

(4)刺激當官欲，助長職務上的攀比之風

有的人，有心當官，無心幹事，這山望著那山高，在一個臺階上還沒有站穩，就想跑，甚至厚著臉皮伸手要官。要避免這種狀況，嚴格控制超前升遷。

北京某大集團公司下屬一家賓館，集團公司總經理聘請了一位廿四歲的大學剛畢業的女士擔任賓館總經理，原來的四位正副經理都做了副手。總經理的本意是破格提拔人才，這位女士也確有才華，有能力，有幹勁，但四位副手並不買帳，女士孤掌難鳴，工作打不開局面。總經理一怒之下將五位原正副經理全部免職，女士自感待不下去了，自己聯繫調某賓館任部門經理去了。這告訴我們一個簡單的道理，升遷太快，對工作、對本人都沒有好處。要有適當的過渡培養階段，不要破壞管理的基本原則——逐級晉升的原則。

不論你個人多有才能，要成爲一名高級主管，必須具有相當的時間和經驗，有協調溝通各類人際關係的熟練技巧，有處理應付各種複雜問題的知識、能力，晉升太快肯定沒有這些技巧、能力，難免顧此失彼，並不利於本人成長。同時，一般來說，任何被大家視爲上級特別厚愛的人，都容易招致大家的嫉妒、不滿，甚至心理失衡，這種風氣甚至會蔓延到整個組織。不管這種心理失衡正常與否，畢竟會影響大家的士氣，應當儘量避免。因此，晉升職務最好不要超過一個級層，儘量不越級提升。另一方面要採取一系列過渡措施，讓人才有相當程度的曝光，提高人才的威信和知名度。比如指派他完成公司最爲艱巨的任務，讓其展示才能；在公司各種會議上扮演重要的角色等等。

實際上，管理者也可以在不立即給予晉升的情況下重用人才。同時讓人才明白，雖然他是很有才能的，然而在一個組織內，任何晉升都必須等待適當的時機。爲了不叫人才感到失望，雙方可以達成默契，晉升不過是時間早晚的問題，太快了於事無補。

最後的忠告是：太快了固然會產生不良的影響，太慢了也可能導致失望、人才流失而造成損失。所以提醒你：別心急，有個過渡階段更好！要把握住破格提拔的「度」，不可由一個極端走向另一個極端。

升遷之道，乃辦公室秘法，需要企業主管耐心琢磨。事實上，有許多下屬比你還要琢磨的淋漓盡致呢！

第二十一招

動機

每個人都可以很能幹
關鍵是動機

大多數企業領導者漠視的不是下屬的物質需要，而是他們的精神需要，尤其是對他們的人格的尊重。領導者只知道驅使他們，卻忘了他們也有需要。

皮革馬利翁相傳是古代塞浦路斯島的一位俊美年輕的國王，他精心雕刻了一具象牙少女像，每天都含情脈脈地迷戀「她」，精誠所至，少女真的活起來了。

——皮革馬利翁效應

漠視人心，就會失去人心

每個人都有需要。有的需要是共同的，如愛、溫暖、尊重等等，有的則是個人的。一個人只有在需要得到全部或一部分滿足之後，才會有工作的動力。這個道理，其實很多人都明白。然而有的領導，就是漠視下屬的種種需要，只懂得拼命榨取下屬的剩餘價值，卻沒有回報！

可是，下屬憑什麼爲「你」工作？甚至爲「你」「賣命」？是優厚的薪水，是優越的工作環境，還是優厚的的福利待遇？百分之九十的領導人，都把這些列爲影響下屬工作動機的最主要因素。但實際上，在下屬心目中，比這些更重要的因素還多著呢。

以下是一般人心目中影響工作因素的排例順序：

①受到上級的尊重。

②工作有興趣。

③做好工作能受到肯定。

④培養技能的好機會。

⑤上級樂意聽從你的改革意見。

⑥有機會發揮創見，不必一定奉命行事。

⑦上級會注意你的工作成果。

⑧上級有能力。

⑨工作有挑戰性。

⑩上下意見充分溝通，能明白全盤狀況。

⑪工作有保障。

⑫待遇優厚。

⑬福利好。

實際上，這是一家研究機構的調查結果。根據他們調查多年的結果，大多數問卷回答的先後次序正如前面所排列的，這是調查數十萬員工所得到的成果。該機構同時還調查了上萬領導者，所調查過的領導人，有百分之九十將工作保障、高薪和福利好列入前五名。照他們的想法，員工會將這些因素看得最重要。但實際上在員工的心目中，卻通常放在最後幾項。這並不是說工作保障、高薪和福利好不重要，但其他因素更爲重要。

現在有一種「獵頭公司」，其任務是爲客戶公司根據雙方共同協商好的條件尋找優異的高級人才。通常這些候選者目前正在別家公司擔任同樣的職位。因此，值得他們跳槽的原因，大部分是新工作有讓他們一展才華的新機會。

不錯，薪資、福利和工作保障，是他們決定跳槽的部分因素。爲薪資多少而決定跳槽的人不到百分之三十，很多高級人才甚至對這些絲毫不感興趣；那些有興趣的人，也只是將增加薪資和福利看成更多更好機會的象徵；有些高級人才甚至放棄目前職位，去就任薪水較低、福利較差和工作更少保障的工作。他們爲的不是新工作機會多，就是他們在現職上做得不愉快——儘管現職的待遇高和福利好。

你注意到沒有？以上調查結果的前六專案有一個共同點：比起高薪、優厚福利和工作保障來，領導者的花費都要少些。另外，在任何團體薪資、福利和工作保障都有法規限制，而上述六項因素對領導人來說卻是沒有任何限制的。

記住，假若你想要你的下屬爲你賣命，你必須先瞭解並滿足他們的需要！

下屬的需要最重要

有的領導會問：如果我按你說的那樣滿足了下屬的需要，我能得到什麼好處？**好處之一，就是他們會爲你賣命工作，另外還有其他的好處：**

(1)你將獲得卓越的駕馭下屬的能力

當你認識並獲悉了促使下屬說話和做事的隱藏的動機之時，當你瞭解了他們隱藏在內心深處的需求和願望之時，再當你能拿出一份額外的努力幫助他們取得他們需要的東西時，你便贏得了駕馭他們的卓越的能力。他們會始終樂於做你讓他們做的事情。

(2)你可以節省許多時間、精力，甚至金錢

不知你想過沒有，爲什麼有的人獲得了輝煌的成功，而有的人卻遭到了慘敗呢？也不知你想過沒有，爲什麼有不少小的企業和商店在開業不到一年的時間裡，利潤就能成倍地增加呢？原因十分簡單，成敗的原因就在於你知道不知道人們在開始做事之前在想什麼。

最成功的一些公司、企業和個人總是能夠弄清楚他們的顧客在他們還沒有開門營業以前在想什麼。他們從不把時間、精力和金錢浪費在猜想上。他們是通過心理學方面的研究和市場調查來得知一個人的需求和願望的，知悉一個人的內心需求和願望會給你帶來無窮無盡的好處。

運用這些相同的基本程序，你也可以節省大量的時間、精力，甚至金錢。單單爲了知道一個人的潛在需求和欲望，你大可不必花很多錢去學習心理學或者搞市場調查。不等你學完今天的內容，你就會瞭解控制一個人的行爲的每一種隱藏的動機。你也將學會如何利用這些隱藏的動機去獲得卓越的駕馭人的能力。

(3)你可以獲得影響、控制別人並與之交際的最大能力

當你研究了人的行爲、完善了你對人的瞭解和認識之後，當你弄清楚了人們爲什麼要這樣說而不那樣說，要這樣做而不那樣做的時候，當你學會了通過分析他們說的話和做的事來判斷他們隱藏在內心的動機的時候，你就會發現你影響和控制每一個與你打交道的人的能力在與日俱增。這證明你在獲得卓越的駕馭人的能力方面取得了成功。

好處還有很多很多……總之，瞭解並滿足下屬的需要，對你有百利而無一害。

下屬究竟需要什麼

在設法滿足下屬的需要之前，先得瞭解下屬心裡想要什麼？

雖然你能同下屬熱情地握手，總是以微笑的面孔待人，見人也能愉快地打招呼，這些表現固然重要，但卻不能起根本性的作用。因爲這些都不能使對方得到什麼實惠，關鍵的問題在於你要準確地掌握對方需要的是什麼。

如果你不去考慮你要從下屬那裡得到什麼，也不認眞地考慮你能爲他或者她做些什麼事情，那你永遠也不可能達到自己的目的或者取得自己的成功。

爲了能夠做到這一點，你必須掌握一個人的心理，只有這樣，你才能發現他究竟需要什麼。你也必須知道是什麼使他這樣行動的。你有必要弄清他行動的眞正動機。只有那個時候你才能夠明白爲什麼他這樣說話，爲什麼他這樣行事。僅當你完全瞭解了這一切之後，你才能利用這一知己知彼的優勢同他打交道，而且會穩操勝券。

當你獲得卓越的駕馭人的能力的時候，你就會發現你想要什麼就能有什麼。你將成爲一個眞正的領導人，不僅僅是一個牌位，而是一個名副其實的領導人。當你運用我在這裡告訴你的這些方法和技巧時，你要求什麼，人們就會爲你做什麼。

當你瞭解並滿足了下屬的需要之後，你會發現，管好下屬其實是一件水到渠成的事，一點都不費力。

體察民心，才能當好主管

瞭解並滿足下屬的需要並不是叫你去討好他們，你不必勉爲其難。事實上，這是一種責任，只要你站在領導或主管的位置上就得負起這個責任。

如果你是一名管理人員或者是一名執行人員，你就應該分析自己的工作，以便準確地確定如何能夠最大限度地滿足你的屬下的基本需求和願望。如果你做到了這一點，我相信你會像我一樣發現，一個人在某個時候缺少什麼以及他或者她最需要的是什麼。及時發現一個人在什麼時候最需要什麼是你義不容辭的責任。

你也要牢牢記住，每個人需求和願望是不斷變化的，它們絕不是靜態的。他昨天最需要的東西可能就不是今天需要的東西。這就是爲什麼你有必要隨時關心屬下的需求和願望的原因。

就上述而言，你也許不禁會問自己：「我保證那些人得到他們的需要就那麼重要嗎？誰來管我呢？我需要的東西由誰來管呢？我就不能爲自己打算嗎？」

你當然可以爲自己打算了，但我可以告訴你，很久以前我就明白了這一點：當爲我工作的人得到了他所需要的東西時，我也總是得到了我所需要的東西。當我滿足了他對承認和高看他一眼的基本需求之後，他的產品質量有了明顯的提高，廢品大幅度降低，也能在工作上同我全心全意地合作。如果你也照此行事，你將發現，這種情形對你來說也是完全眞實適用的。

控制人的行爲是處理人際關係問題的關鍵，是人們處理人際關係問題的第一號重要的規則。如果你想獲得成功，你就得知道一個人需要什麼並幫助他得到他所需要的東西。

在人與人之間的各種關係中，這第一號的規則不似乎有點過於簡單了嗎？你想想看，這項規則可應用於人類活動的各個領域之中，如果你能遵循這項規則，甚至也可以解決你的家庭問題。這裡你隨時隨地可以指使一個人去做你讓他做的事情並對他擁有極大的支配能力的唯一可靠的方法。具體就是去弄清楚他需要什麼，然後再去想辦法保證讓他得到它，這時，他就會按照你的要求去做事。

例如，他不是想對他完成的工作加以肯定嗎？那麼，你就讓他放心並表揚他的工作。

他不是想感到自己很重要嗎？那麼你要格外看重他，你可以通過告訴他你是如何如何地需要他，很多事情還得依靠他，這樣他就自然會感到自己很重要了。他不是也想有個機會做點什麼有價值的事嗎？那麼你就想辦法給他提供機會，給他找一個具有挑戰性的工作讓他去做。

當你知道了一個人需要什麼，當你告訴他只要他能夠按照你的要求做了，他就會得到他所需要的東西時，你也就得到了一種保證：他將一絲不苟地按照你的要求去做，因爲他完全相信你的諾言。實際上，他爲了得到自己需要的東西，會盡到自己的最大努力，甚至上刀山下火海都在所不辭。

這樣去做，你也會準確地掌握對你的命令和指示的執行情況。只要你告訴他如果按照你的指示去做，他就肯定會得到他需要的東西，你就能夠準確地預見他要做什麼，幾乎每次都不會失誤。你也能夠準確地預見他的反應。我的朋友，這就是駕馭下屬的無限能力啊！

發現隱藏的動機

一般的下屬對上司總有一層顧慮，使他在上司向他瞭解他的需要的時候，不敢說出眞話。而作爲領導，如果不能瞭解下屬眞正的需要，即使他爲此做了不少事，也仍然達不到最好的效果。因此，作爲領導一定要發現下屬心中隱藏的動機！

「要想知道一個人的需要，只有一個辦法，那就是去問他。」一個成功的商人說。當然，你不能直截了當地去問這樣的問題，你得委婉而巧妙地去問，這其中也有相當的技巧。

如果對方是你的一個下屬，你可以採取把她請到你的辦公室進行正式談話的方式詢問，也可以採取女人對女人的閒聊方式詢問，這樣閒聊的機會是比較多的。

比如，當你進行日常的工作檢查時就可以順便和某個人交談。另外，你會發現與你的雇員的非正式會晤，對於掌握一些比較有價値的情況是非常有用的。

人們都不習慣於在辦公室進行正式談話，因爲那樣容易引起他們的警惕和戒備心，說話不可能很坦率，在你的辦公室裡，她完全可能對你的提問給與一些她認爲你想聽到的回答。這樣就與你的用心背道而馳，達到了相反的效果。

如果在工作之餘不期而遇發生的談話，就能使人的心情平靜自然，這種時候，她的談話就會坦率眞實得多。不論你決定採取什麼方式，都要根據你個人的具體情況而定。不過你要儘量發揮你的耳朵、你的眼睛以及你的常識的作用。

這樣做你也會學到許多東西，在你的會晤中，你運用下面的一些指導原則，就發現這些指導原則能最大限度地讓她道出自己的心裡話和她的生活目的。

具體地說，也就是她想得到的東西。你總是對你手下的人以及他們的問題發生濃厚的興趣，這不是在例行公事，而是你個人的一種特殊興趣。

其次，你總是儘量作一個合格的傾聽者。儘量做到她說話的時候你仔細地聽，她不說話的時候你仔細地想。你會發現，要想成爲一個合格的傾聽者，耐心始終是必要的。

第三，你鼓勵她自己談自己，並問她一些問題以便啓發她開始。你總是從別人的利益角度談話，這樣你就容易發現她需要什麼。你從來不告訴她你需要什麼，其實她也不關心這個。

最後，你儘量使別人感覺自己重要，你鼓勵她追求自我利益，並且眞心實意予以幫助。」詢問對方情況時，你總是實行「五問」方案，這種方案能使你準確地掌握那個人的情況。你的所謂「五問」是：誰爲什麼？什麼時候？什麼地方？爲什麼？有的時候再加一個「如何」。**通過「五問」，你能得到下面五種好處：**

①這些問題能幫助被提問者把自己的思想具體化，並把注意力集中到你需要的地方去。

②這些問題能使一個人感覺到自己很重要。當你就某件事徵求一個人的意見時，你也是在肯定他的自我價值，給他一種夢寐以求的被人看得很重要的感覺。

③當你提問的時候，儘量少談你自己，好讓你的聽者有機會告訴你他在想什麼，他需要什麼。你的目的是多瞭解情況，而不是聊天。

④問只管問，但要避免爭論。你問問題的目的是想瞭解他的想法，而不是為了別的，所以，如果他的說法不能使你苟同，也不必說什麼，你絕不能讓他知道你是怎麼想的。

⑤問完了這些問題，你就能夠準確地知道一個人的願望是什麼。提問是瞭解一個人的真實需要的最為快捷、最為可靠的途徑。

詢問永遠是瞭解並掌握下屬需要的最佳途徑，關鍵是你要懂得詢問的技巧和策略。

讓企業起死回生

瞭解並滿足下屬的需要到底有多重要？前面我們已講了一個它讓某企業逐漸垮臺的例子，下面還講一個它讓某企業起死回生的例子。一生一死，再具體不過地說明了瞭解並滿足下屬需要的重要性。

某一個電子工廠有各種各樣的員工問題，個人道德和團體精神都一落千丈，產品返回率將近生產的百分之四十。曠工人數高出平常的百分之二十，公司的利潤餘額幾乎降到了零。公司請來了管理諮詢公司的人，看著他們能不能查出毛病究竟出在哪裡。

在他們找過一些雇員談論之後，諮詢公司拿出一張調查表，其中列了八項具體的基本需要，要求全體雇員以他們自己認為重要與否的順序劃出這八項基本需求的等級。

諮詢公司的人也要求公司的執行人員和管理人員每人填一份這樣的調查表，不同的是，不讓他們以個人的感覺來填表，而是要以他們認為他們的雇員重視這八項需求的程度的順序來填寫。

下頁就是這張表，中間是八項基本的需求或願望，上邊列出了雇員們認爲它們重要性程度的順序，下邊列出的是管理人員認爲雇員們認爲它們重要性程度的順序。

很明顯，雇員們看重的和雇主認爲他們看重的不盡相同，管理人員認爲雇員們看重的東西，僅僅是他們猜想的。當管理人員把其工作重點放在雇員的眞正需求上，而不是放在他們猜想的需求上時，公司的困難立刻解決了。

這個例子的主要原因是讓你明白，如果你不能準確地知道一個人需要什麼，並幫助他得到，你就不可能獲得駕馭他的能力。只有你獲得駕馭他的無限能力，你才能夠得到自己所需要的。一言以蔽之，你需要記住的最重要的一點是：每個正常的人都需要知道如何被人愛戴，如何去贏得名聲和幸福、權力，以及如何保持健康。

如果你在與下屬打交道的時候，心裡總保持這種想法，你與他們相處就絕不會有絲毫的麻煩，只在你幫助他們達到他們的目的，你想讓他們做什麼，他們就會爲你做什麼，你將會比一個學習實用心理學的學生（甚至教師）更能理解人的本性和人的行爲。

雇員實際需求順序	八項基本需求或願望	主管臆測順序
1	對所做工作的稱讚與承認	7
2	認為有興趣和值得花時間的工作	3
3	隨工資增加公平付酬	1
4	注意與欣賞	5
5	由於做出成績被提升，而不是由於資格老被提升	4
6	商討個人問題	8
7	良好的身體工作條件	6
8	工作安全	2

第二十二招

中性

給女人量體裁衣
需要絕妙的心情和手段

男性領導者對女性下屬的運用常有兩種方式：一種是袒護，表現在總是讓她們做一些輕鬆的工作；另一種是歧視，表現出來是使而不用。這兩種使用方式都不正常。

用好女性的技巧不亞於攻克一個難關，但是付出的任何努力都是值得的，因為女性往往具有男性不具備的企業公關手段，能取得意想不到的效果。

——美國女性社會問題專家瑪莉・凱絲

別把女性下屬當花瓶

不少的男性領導，對於女性下屬不是鄙視，就是把她們當花瓶供著，欣賞而不使用。這對那些職業自尊心極強的女性下屬而言，不啻是一種侮辱！

我們時常看到一些主管，將女性工作人員，捧得高高在上。相反地，也有一些人則始終堅持孔子「唯女子與小人難養也」的觀念，認爲：「女職員只曉得坐在椅子上當花瓶，如果誇獎她，立刻就得意起來，而稍微一罵就哭，不管她則又……」像這兩種人的觀念，都有所偏差，同時也落伍了。

其實，坐在椅子上當花瓶的人，並不只有女性，男性亦大有人在。事實上，這句話是針對那些不負責任、沒有幹勁的工作人員而發明的形容詞。若對女性工作人員說出這類的話，則無異是對女權運動的一種藐視。

此外，也有人說：「我不讓女性擔任困難或吃力的工作。」或者「讓她們擔任有責任的工作，萬一出事時，不是很可憐嗎？」以及「她們隨時都可能辭職，所以我總是分配給她們一些可以隨時找人替代的小工作。」

像這類主管，有些女性會以爲他們是——「很會替人著想的上司」，但有能力、充滿幹勁的女性，就大不以爲然了。

女人的武器是眼淚和無言的抗拒，主管若是因此而採取「敬鬼神而遠之」的態度，反而容易造成男女間的不平等。總之，對女性也要如同對男性一般吩咐任務，並指導她們如何發揮潛在的能力。我深信，多數女性有足夠的能力擔當與男性同等重要的工作。當然，也有不能勝任的，你可以按照她們個別的能力，來分派工作的輕重，這樣，總比一開始就拒她們於千里之外要好得多。

還有一個問題，就是男性主管對女性職員，常會產生許多管理上的困難，對這件事，最好的解決方法就是——設置女性主管，讓女人來管女人，這樣的話，處理事情較爲方便。然而相對，女主管也許會降低男性職員的工作情緒，不過，這一點並不要緊。

力求平等

我們說過，男女平等的確很難實現，但作爲領導至少在對待下屬的態度上應力求平等，不要厚此薄彼。

某一公司主管，對於部屬的人事考核，感到很傷腦筋，於是想到，索性給全體一樣的分數，而後向上級解釋：「不管哪一個，看起來都很不錯，所以……」

其實，即使是同一學校的畢業生，也並不意味著會有相同的能力，因而採取這種評分的方法，多是由於主管本身缺乏判斷力的緣故。表面看起來，好像做到了平等待遇，而事實上，再也沒有比這更不平等的了。

要眞正做到平等，就必須對每一個部屬的個性、能力、特點，作一區別，定出一個基礎，在平等的基礎上，找出個別的差異，這才叫做平等。

就男女平等的觀點來說，也是一樣的。女性有她們特有的能力與適應性，若忽視了這些，不知變通地硬是派給她們和男性一樣的工作，則非但不能使其能力作適當的發揮，顯然地，將造成她們的不方便。看似平等待遇（也許這樣做，會爲女權至上者所歡迎），而事實卻形成不能發揮女性特有能力的狀況。

另外，有些機關團體或公司，喜歡將因某種原因而獲得的獎金，按各處室人數分配給各員工。或者，買些紀念品分送。由於每一個所得到的金額過少，因此，鼓勵作用不大，失去了它的意義。最好是能集中使用，例如：將它挪作購買體育用具或公共設施的修理費，這樣顯然較有意義些。

也有些主管，考慮到個人的貢獻不同，於是將這些獎金，按年資、經驗、待遇高低等來分配。這樣一來，年長的人占了便宜，年輕人即使盡了力，也無法獲得應得的報償，難免會抱怨不公平。

要做到公平是很難的，愈是擔心不公平，就愈會有不滿的呼聲。作爲一個優秀的主管，在平常的行事中，就應該確立平等的標準和態度，一脫離標準，就要躬自反省，如此才能獲得部屬的信賴。

力求平等不是讓男性下屬和女性下屬作一模一樣的事，而是讓他（她）們做各自力所能及的事。

弄清女性下屬的動機

孔子說：唯小人與女子難養也。這句話有對有錯，錯的地方是對女性採取歧視態度，對的地方則是這句話一部分地說明了女性的難以理解的個性。

有的男性領導正是爲這一點傷透腦筋，因爲他對女性下屬的言語舉動常常感到無法理解，於是索性承認自己無能爲力，從此不敢使用女性下屬。其結果，就造成了領導眼中男女下屬事實上的不平等。

女性是細膩微妙的個體，她們的許多舉止令人莫名其妙。此時，先弄清對方的動機是很重要的，如果你無法分辨惡意進犯的原因就貿然回應，反而會得到反效果，後果更難收拾。

例如，有位女性回到家之後，發現竟然沒有人做晚飯，她當然是很不高興。一，她已經累得不得了，另一，由於職業的關係，在工作時，即使她再不滿，她也不能給她的同事或是上司臉色看，所以，家人就成了她的出氣筒。這個時候，如果她老公不知道她發脾氣是由於在辦公室受一肚子氣，就馬上回罵回去，後果一定很難收拾，雙方都會因而受到傷害。

所以，男人在採取措施以前，一定要先確定你這樣做是有必要的，否則，你可能反而會因此傷害了你不該傷害的女人。

作爲男性主管，只要你瞭解了女性下屬的動機，會發現她們並不像想象中那麼胡攪蠻纏，某些地方甚至比男性下屬更易於管教。

讀懂女下屬

有人說：女人是一本書。

高明的領導，往往能輕而易舉地讀懂女性下屬這本書，並善加使用；而一個不高明的領導則不能。

女性的感情一般是比男性較爲敏感的，她們由對方一個舉動或一句說話，便可以聯想到許多事來。例如看見上司接見面試者，就揣測某位同事可能會被調走或解雇。最奇怪的是，一般神經過敏的女性下屬只是對於私人事件較感興趣，卻不能用在公事上。這實在是非常可惜的，但是女員工並無感到不妥，只是一貫地保留好奇的性格。

對待想像力過強的女性下屬，上司不宜經常做出澄清，以免招致更多的話柄。在任何時候，均如常地工作，不跟她們談公事以外的事情。雖然你明知道是那一位下屬造謠，但是絕不能因爲她搬弄你的私事而對她怎樣。除非她涉及損害公司聲譽的行爲，否則毋須理會，也可以說是不要與她們一般見識。

上司更應該避免跟她談私事，讓她跟隨你的作風，在她面前批評公司以外，她不認識的人，但切記不能以公司內或大家認識的人爲靶，這樣才能使她自我反省。這種人只要在不影響工作的情況下，是無須過分關注的，故此平時應多注意其工作，使她能投入到工作中。

初踏足社會工作的女性下屬，均有努力的優點。除非本身素質太劣，否則她們是會努力於工作上，力求表現的。

一些小心眼的女性下屬有很優厚的潛質，其敏感的觸覺，可以發現一些別人忽略的小節。例如客戶的企圖和意願，往往是女性營業員較早預知，因而做出適當的應付方法的。

她們用心工作，對環境的要求頗高，而且容易產生排斥新人的行爲。尤其是一些被認爲對他們的地位有威脅的同事，更加排斥之。這種過分關注小處的作用，可能忽略了重要環節，未能爲大局著想。

面對這類下屬，身爲主管應正視她們的優點，另一方面，引導她們處理一些大問題。她們在開始時，會有逃避處理較複雜事項的心理，你不讓她們故意逃避，反而要她們多想、多做，久而久之，即能訓練下屬在處理工作時巨細無遺，效率更見提高。

電話聊天，特別是私人電話，對工作造成的影響不單只是效率方面，也會因爲電話源被佔用而影響工作進度。無論爲了什麼原因，經常用電話來聊天均不宜姑息處之。不過，偶一爲之，則可能是該下屬私生活出現問題，必須靠電話與某方面保持聯絡，例如親友生病、朋友有困難襄助等。主管應予以體諒有眞正需要的下屬，但對於經常使用電話聊天的下屬，可做出以下的應付方法：

①給她較多的工作量，並限時完成。

②暗示公司不欣賞經常電話聊天的下屬。

③關切地詢問她是否有難題，並勸她趕快解決，以免影響情緒。

由於女性較爲敏感，日常所遇到的事情未能灑脫處理；有些則在公事上理智，私事上卻感情用事。主管應多瞭解下屬的性格，做出適當的引導，使他們知道公事被私務困擾是不明智的。

只要掌握上述訣竅，讀懂女性下屬這本書應該不是難事。

學會欣賞女下屬

這裡的「欣賞」，不是欣賞女性下屬的花容玉貌、溫柔多情，而是欣賞女性下屬的才幹和品質。

「女人多的地方，是非便比較多。」

「女人比較小氣，心胸狹窄。」

「女人情緒化，忽冷忽熱。」

若你認同上述的觀點，那麼管理女性下屬將是相當頭痛的事。因爲好說是非會令公司的人事關係變得複雜，令同事之間互不信任，結成小圈，難以上下團結一致；而小氣、心胸狹窄，則往往不願擔當較多的工作，在劃分工作時，鬧得不愉快。或者會眼紅其他同事獲得獎賞而攻擊人；情緒化則影響工作氣氛及效率。

其實上述缺點並非女性專利，一些缺乏自信的男性也有上述的缺點。

反之，與有同樣缺點的男性比較，管理女性下屬會容易一點，因爲女性太想被人喜歡、被人愛。如果你能讓她們感到被欣賞、被喜歡，她們便會覺得你的教訓是一種指導，反之，便會認爲你擺官架、無理取鬧，因而懷恨在心。同時，女性會下意識地維護喜歡自己的人。如果她們覺得你對其有好感（不一定是異性相吸那種好感），她們便會處處維護你，盡力協助你，並且會是極爲忠心的下屬。

不過，她們感覺十分敏銳，如果你假意欣賞她們，她們很快便會感覺得到，於是便開始討厭你的虛僞，不能忠心於你。因此，作上司的要學會從正面去欣賞人，假如發覺下屬小氣，可從另一角度去看：小器的同時往往是做事小心，在小節方面謹愼罷了；而情緒化也同時是感覺敏銳、直覺力強。

事實上，每個人都必定有優點和缺點，假如能時常從正面去欣賞下屬，將更能引發她們的潛能，而她們也會報答你的「知遇之恩」！

能讀懂女性下屬這本書的主管，一般也能欣賞她們，瞭解她們是欣賞她們的前提。

國家圖書館出版品預行編目資料

用人高手 22 招／作明編著 . —— 二版 . ——臺中
市　：好讀 , 2010.10
面：　公分，——（商戰智慧；02）

ISBN 978-986-178-167-9（平裝）

1. 人事管理 2. 人才

494.3　　99017465

好讀出版

商戰智慧 02

用人高手 22 招

編　　著／作明
總 編 輯／鄧茵茵
文字編輯／葉孟慈、莊銘桓
內頁設計／鄭年亨
發 行 所／好讀出版有限公司
台中市 407 西屯區何厝里 19 鄰大有街 13 號
TEL:04-23157795　FAX:04-23144188
http://howdo.morningstar.com.tw
（如對本書編輯或內容有意見，請來電或上網告訴我們）
法律顧問／甘龍強律師

戶名：知己圖書股份有限公司
劃撥專線：15060393
服務專線：04-23595819 轉 230
傳眞專線：04-23597123
E-mail：service@morningstar.com.tw
如需詳細出版書目、訂書，歡迎洽詢
晨星網路書店 http://www.morningstar.com.tw

印刷／上好印刷股份有限公司 TEL:04-23150280
初版／西元 2001 年 7 月
二版／西元 2010 年 10 月 15 日
二版五刷／西元 2015 年 1 月 20 日
定價：250 元
如有破損或裝訂錯誤，請寄回臺中市 407 工業區 30 路 1 號更換（好讀倉儲部收）

Published by How-Do Publishing Co., Ltd.
2010 Printed in Taiwan

ISBN 978-986-178-167-9

讀者回函

只要寄回本回函，就能不定時收到晨星出版集團最新電子報及相關優惠活動訊息，並有機會參加抽獎，獲得贈書。因此有電子信箱的讀者，千萬別吝於寫上你的信箱地址

書名：用人高手 22 招

姓名：＿＿＿＿＿＿ 性別：□男□女 生日：＿＿年＿＿月＿＿日

教育程度：＿＿＿＿＿＿＿＿

職業：□學生 □教師 □一般職員 □企業主管

□家庭主婦 □自由業 □醫護 □軍警 □其他＿＿＿＿＿＿＿

電子郵件信箱（e-mail）：＿＿＿＿＿＿＿＿ 電話：＿＿＿＿＿＿

聯絡地址：□□□＿＿＿＿＿＿＿＿＿＿＿＿＿＿

你怎麼發現這本書的？

□書店 □網路書店（哪一個？）＿＿＿＿＿＿ □朋友推薦 □學校選書

□報章雜誌報導 □其他＿＿＿＿＿＿＿＿＿＿

買這本書的原因是：＿＿＿＿＿＿＿＿＿＿＿＿

□內容題材深得我心 □價格便宜 □封面與內頁設計很優 □其他＿＿＿＿

你對這本書還有其他意見嗎？請通通告訴我們：

＿＿＿＿＿＿＿＿＿＿＿＿＿＿＿＿＿＿＿＿＿＿

你買過幾本好讀的書？（不包括現在這一本）

□沒買過 □ 1 ～ 5 本 □ 6 ～ 10 本 □ 11 ～ 20 本 □太多了

你希望能如何得到更多好讀的出版訊息？

□常寄電子報 □網站常常更新 □常在報章雜誌上看到好讀新書消息

□我有更棒的想法＿＿＿＿＿＿＿＿＿＿＿＿＿＿

最後請推薦五個閱讀同好的姓名與 E-mail，讓他們也能收到好讀的近期書訊：

1. ＿＿＿＿＿＿＿＿＿＿＿＿＿＿＿＿＿＿＿＿

2. ＿＿＿＿＿＿＿＿＿＿＿＿＿＿＿＿＿＿＿＿

3. ＿＿＿＿＿＿＿＿＿＿＿＿＿＿＿＿＿＿＿＿

4. ＿＿＿＿＿＿＿＿＿＿＿＿＿＿＿＿＿＿＿＿

5. ＿＿＿＿＿＿＿＿＿＿＿＿＿＿＿＿＿＿＿＿

我們確實接收到你對好讀的心意了，再次感謝你抽空填寫這份回函

請有空時上網或來信與我們交換意見，好讀出版有限公司編輯部同仁感謝你！

好讀的部落格：http://howdo.morningstar.com.tw/

請填妥後對折黏貼，直接投郵即可，無須貼郵票。

廣告回函
台灣中區郵政管理局
登記證第 3877 號
免貼郵票

好讀出版有限公司　編輯部收

407 台中市西屯區何厝里大有街 13 號
電話：04-23157795-6　傳眞：04-23144188

沿虛線對折

購買好讀出版書籍的方法：

一、先請你上晨星網路書店http://www.morningstar.com.tw檢索書目或直接在網上購買

二、以郵政劃撥購書：帳號15060393 戶名：知己圖書股份有限公司並在通信欄中註明你想買的書名與數量

三、大量訂購者可直接以客服專線洽詢，有專人爲您服務：客服專線：04-23595819轉230 傳眞：04-23597123

四、客服信箱：service@morningstar.com.tw